"灵动手绘世界"系列丛书

解析室内手绘

ANALYSIS OF INDOOR HANDPAINTED

郭 伟 王成虎 编著

中国林业出版社

图书在版编目（CIP）数据

解析室内手绘 / 郭伟，王成虎 编著．-- 北京 ：中国林业出版社，2011.7 （2014.8重印）（灵动手绘世界系列丛书）

ISBN 978-7-5038-6259-5

Ⅰ．①解… Ⅱ．①郭… ②王… Ⅲ．①室内装饰设计－绘画技法 Ⅳ．①TU204

中国版本图书馆CIP数据核字(2011)第141020号

中国林业出版社 · 建筑与家居图书出版中心
策划、责任编辑：李 顺、唐 杨
出版咨询：（010）83223051

出 版：中国林业出版社（100009 北京西城区德内大街刘海胡同7号）
网 站：http://lycb.forestry.gov.cn/
印 刷：北京卡乐富印刷有限公司
发 行：中国林业出版社
电 话：(010) 83224477
版 次：2011年7月第1版
印 次：2014年8月第2次
开 本：889mm×1194mm 1/16
印 张：10.5
字 数：200千字
定 价：58.00元

编者的话

学习和掌握手绘的目的是什么？其实这也是我们教授课程前，想让大家思考的一个问题。现代计算机技术日新月异，应用计算机进行制图及绘画已经成为很大一部分设计人员的工作手段，但我们仍然强烈要求大家重新拿起纸笔，用这“原始”的手段表达我们的思想和意图。我想这并不只是其简单的艺术性所能打动大家的，徒手绘画是我们心与手的完美结合，也是我们快速表达思想，创造灵感的有效手段，在设计行业中，无论是著名大师，还是成熟的设计企业，其对手绘的重视程度都是无他能及的。

“灵动手绘世界”系列丛书自策划至出版，经历了接近两年时间，市面上的各种手绘类图书也都是我们学习和借鉴的样本，但我们总感觉缺了些什么。我们在教学的一线，与学习人员最容易交流和沟通，他们反映的大部分问题也是我们最想在教学和实践中解决的问题。所以这套书就针对了这些问题，作了非常深入地讲解。曾有位设计师朋友看了书稿对我们说：“只要把这几本书认认真真看完，还真不用去上培训课了”。如若真能有这效果，当是我们的心愿了。

这些年，我国的经济一直处于蒸蒸日上之势，快速的城市化进程，使得我国的设计行业得到了空前的发展。在这个过程中，设计行业的实践与理论发展取得了一定的成绩，但也造成了很多遗憾。今天，我们在学习和掌握手绘，其最终的目的也一定是要将其应用于以后的工作中去，我们也希望大家能够真正将所学用于实践中，而不是如现在的大部分设计人员，只充当一个“绘图工具”。我们更希望因为我们的努力能使大家有所领悟，能在今后的工作和生活中理解设计，创造设计有更多帮助。

以上都是我们编写这套书的目的，希望其能用于实处，用于益处。在此要非常感谢为这套书出版的朋友以及我们的同学们付出的努力。另外，如有设计同行无意中翻看了我们拙作，也请一定不吝指教，定万分感谢，并努力提高。

编著者
2011 年 6 月

目录

CONTENT

第一章

透视及基础

第一节

手绘的重要性

设计是一种思考，思考完了怎样表达？我们常用手段便是手绘。也可以用写和说的方式表达我们的设计思想，但用图像的形式更能传达意图。电脑效果图是与客户沟通的一种很好的方式，绝大多数客户希望看到逼真的效果图，但手绘的优势是电脑永远取代不了的。手绘是设计师的必修课，其不光用来与客户沟通，手绘也不仅仅是给客户看的，它更是一种对设计思想的备忘记录，是一种思考方式。从手绘的表达中我们能够知道：1.手绘的速度快，能快速记录头脑中的闪念，这就能将我们转念即逝的灵感快速表达出来；2.通过手的生动表现对头脑再次刺激，可能会迸发出更多不同的设计方案；3.设计师要从繁忙的具体事务中解脱出来，就必须将绘图等琐碎事交给绘图员做，最好的交代方式便是手绘稿。

艺术创作是一种极其智慧、智力、智性的行为，是一种非常心性与非常心情的融合之后偶尔冲动才得到的创造，这种创造仅凭电脑又怎么可为！所以艺术设计构思还是需要我们随性的手绘，电脑不是在创作方面一无是处，其实电脑与笔都是工具，都服务于人脑，只是目前电脑在构思表达速度上，还远比不上手绘的书写来得快，在手绘过程中，我们手中的笔行如流水，能自然流淌思想、流淌人性、呈现智慧，表达出艺术之哲理……人脑在艺术诠释方面也是电脑远不能及的，这不及就如同地球与宇宙边缘之遥不可及是同一个道理。

第二节

良好的作画习惯

手绘初学者最重要的是养成良好的作画习惯，不论学什么行业第一印象最重要，也可以说是如果在初学阶段没有养成良好的习惯，那么以后的进步也将非常困难，会走很多弯路。很多刚接触手绘的在校生和一些设计师都想找一个快速的入门方法，其实是没有这种方法的，“冰冻三尺，非一日之寒。”我们必须经过一个正确的方法打牢扎实的基本功，才能够事半功倍。室内手绘也必须遵循这个规则。从基础的、最简单的练习，然后进入复杂的学习过程，最后使得自己能够将所产生的设计思想有效地用手绘表现出来。这个过程一般要经历：严谨——放松——严谨——放松的过程。很多初学者刚接触手绘就想快速表现，就想把线条画得很潇洒，结果最重要的“透视”“比例”“空间关系”都是错误的，只剩下了潇洒的线条，这也将是徒劳无功。所以开始一定要先用直尺等工具将空间的比例、透视搞清楚，等熟练后再去徒手，再去潇洒也未为不迟。

下面对一些作画的工具作简单的介绍。

中性笔：中性笔分为油性中性笔和水性中性笔，水性中性笔价格比较贵，但用起来不容易堵笔头，笔者建议用水性笔。

马克笔：马克笔也分为水性马克笔和油性马克笔。水性马克笔适合室外写生，其优点为：能够较好地刻画细部，缺点是：不能够反复叠加，水性马克笔在快速表现的时候出效果比较慢；油性马克笔也是目前流行画效果图的一种，其优点是：容易出效果，而且可以反复叠加，适合初学者使用。

纸张的选择：最好选择80g复印纸，其质地适中，用油性马克笔反复叠加的时候不容易画破。另一种是灰色纸，这种纸上色后颜色很柔和。因为灰面不用太多刻画，将暗部画重，亮部提亮就能达到效果，比较省事也容易出效果，这种纸在很多公司及设计师较常用。

第三节

尺规画图和徒手线条

徒手设计草图，并不拒绝尺规，这一点很多初学者都没意识到。实际上，即使是快速设计考试，也不会完全规定不准使用尺规。人不是机器，所以非常直的线条十分难以训练，能够放松画出弯线条的人，最终也能很放松地画出来直的线条；而开始就练笔直线条的人，不仅线条不自然，而且需要花费大量时间训练，线条缺乏活力，反而事倍功半。草图需要的是清晰迅速地表达我们的思想，那么放松而自然的线条更难能可贵。下面是一些徒手的线条练习，我们可以在平时闲暇时随手练习，也可以集中时间反复训练。

（1）线条的练习对初学者来说非常重要，它决定了效果图的美观性，在练习排线时，要戒骄戒躁，保持平和心态，要对画的每一条线负责。

（2）在练习时，手要自然放松，平和均匀、流畅，线与线之间，要适当交接。

排线法

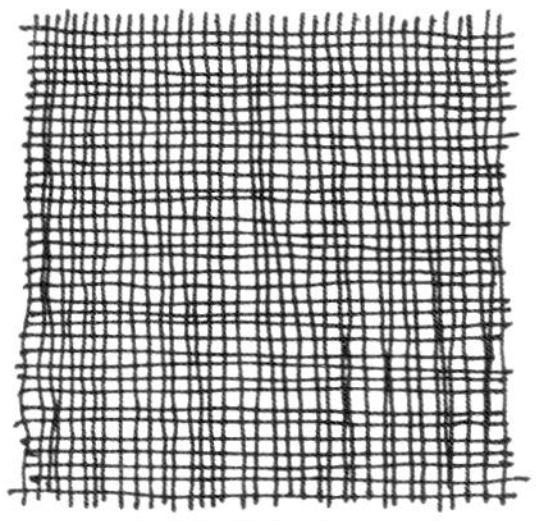
网格排线法

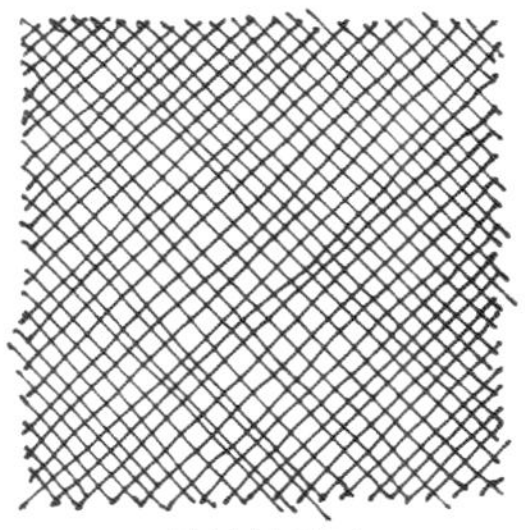
斜线排线法

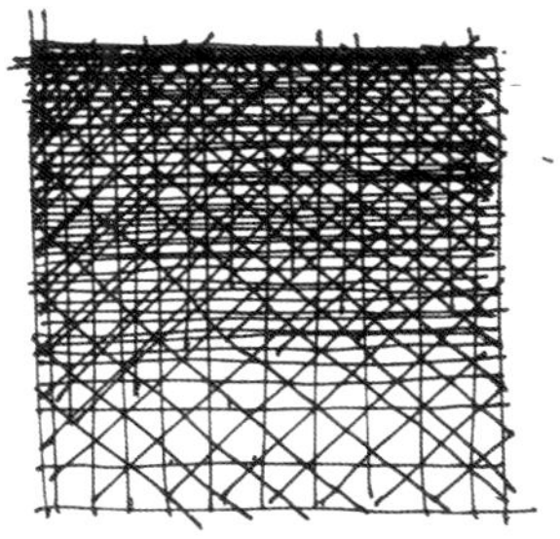
纵横疏密交错

肌理排线法

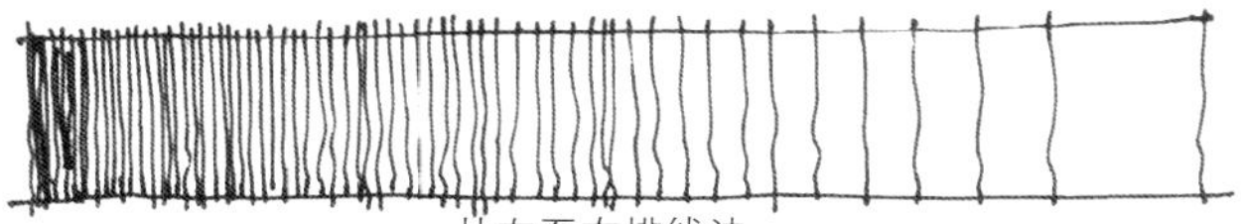
从左至右排线法

从中间至两边排线法

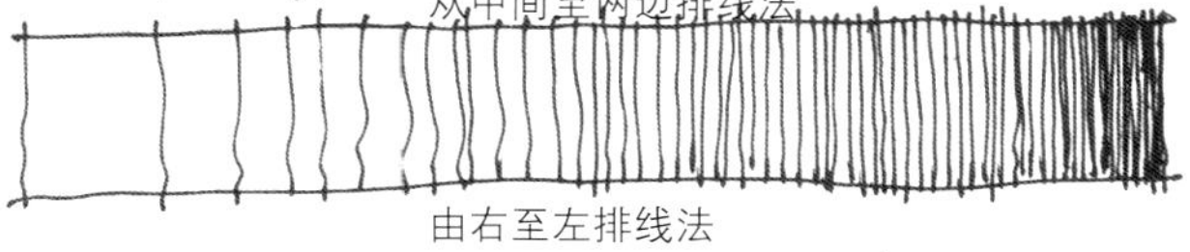
由右至左排线法

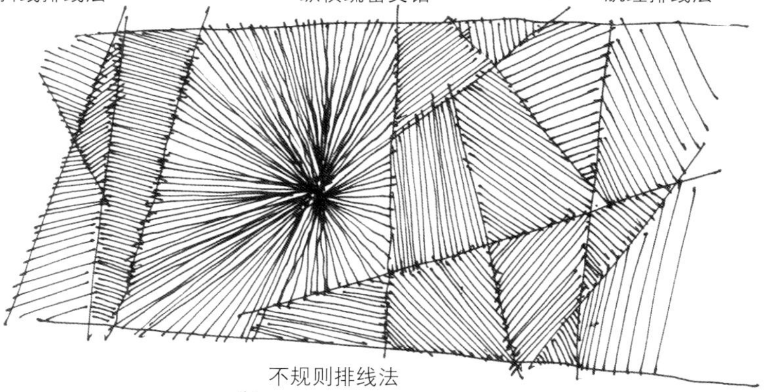
不规则排线法

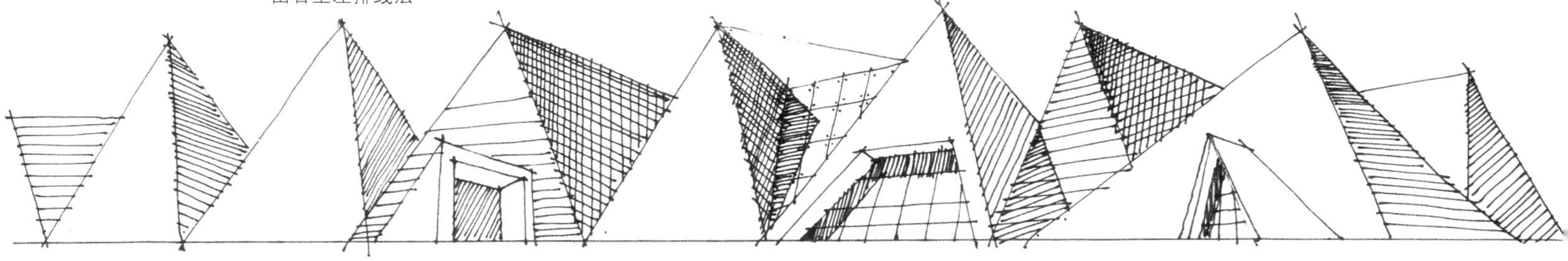
造型排线练习

掌握好手绘表现很重要一点就是线条的联系。

第四节

手绘课程的准备

一、纸

前面我们对一般的手绘材料和工具作了简单介绍，笔者建议购买80g的B4复印纸，其比A3复印纸小一点，方便放在包里，也便于夹在写生用的垫板上。很多初学者习惯用A4纸，每张图都会‘涨’出来，构图很多时候被破坏殆尽，使失去对手绘的兴趣。用B4纸画图，留出周边的空白，会自然使得画面构图完整舒服。纸大，人就要离纸面远点，从而形成控制整体效果的习惯。A4的70g复印纸稍薄，不利于马克笔上色。所以笔者一般建议使用80g的B4复印纸。

二、笔

初期训练时，笔者建议使用价格适中、出水流畅的签字笔，而不是美工笔。美工笔有方向性，只要稍微偏方向就会出现线条变细、变涩的情形，不适合初学使用。

三、坚持练习，重复练习

任何一项技能，无论是书法还是音乐，都需要反复训练，最终达到熟练的目标。但并不是要训练过度，训练以舒服为度，一旦觉得有点烦闷或者烦躁，就可以停下来。这时我们可以去分析、琢磨，在不断的积累过程中，潜意识自然会有领悟到其道理的时候，这样，我们的进步就会更快。所谓“欲速则不达”就是这个道理。

四、尺度比例

大量的训练，能使我们学习者掌握快速准确地控制画图比例的能力，在构图初期，我们可以用铅笔画勾出范围，以周围物体作为参照物，定好四个点，以免画得太大或太小，这样容易快速控制画面占纸面的比例。

五、临摹

重复临摹对于我们提高手绘水平确实有效果，尤其前期的效果会很明显， 但是到了学习的后期，临摹就不能满足我们的要求了。这时要更进一步深入理解绘画方法，反复去画、反复去试验，直至可以默画、可以用多种方式画，可以简化提炼到几笔就能画出来，直至形成我们绘图的基础定式。这个时候我们就有了举一反三的能力，能够一通百通。达芬奇画鸡蛋就是这个道理。

第五节

透视与空间的结合

一、透视的重要性

透视在效果图中的地位犹如人的骨架，骨骼不完整或者透视不准确，则让人感到结构散架、空间凌乱、画面失去立体感，这时线条再好，已无意义。一幅好的效果图必须是建立在透视准确的基础上，因此初学者在入门时应准确掌握室内手绘中各种透视技巧。

二、透视与空间

（1）一点透视理论与室内空间

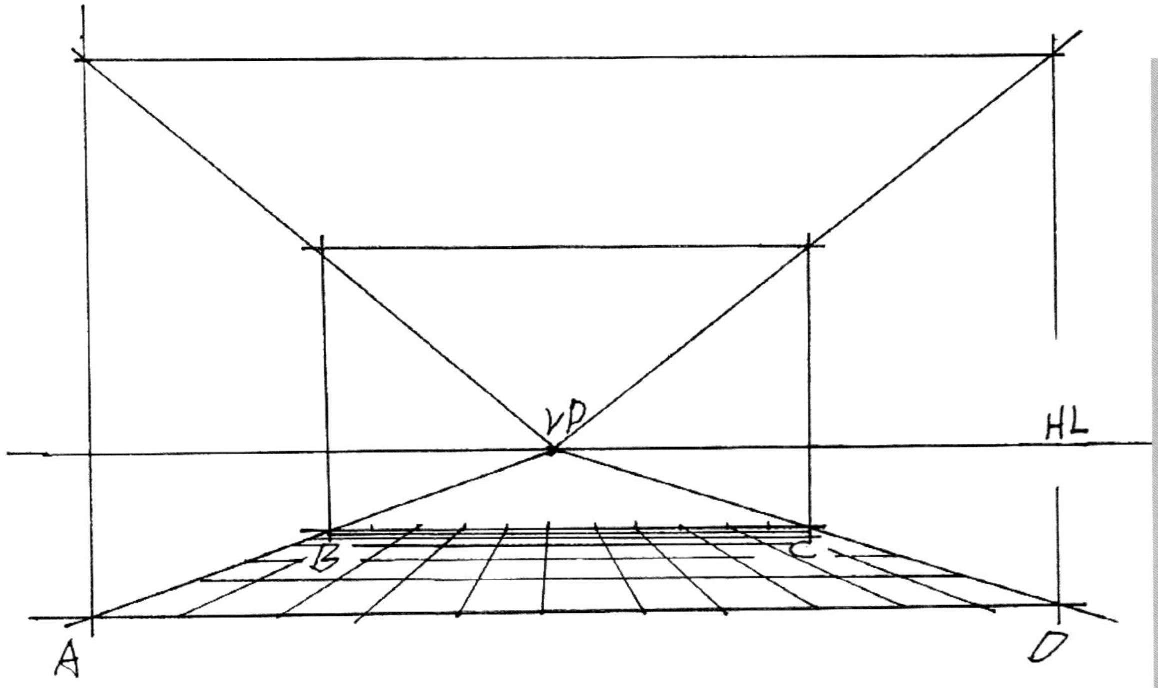

一点透视：又称平行透视，消失点在画面中央，为绝对平行透视，它的特点是透视表现范围广、纵深感强、视觉感稳定。

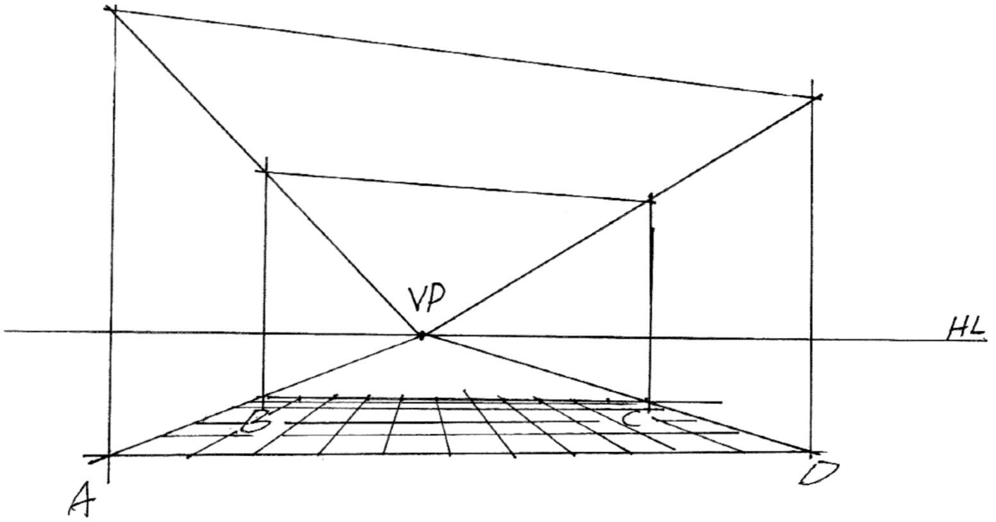

一点斜透视：是一点透视的变体画法，即在灭点的一侧，另一个虚灭点，使原先与画面平行的那个面向虚灭点倾斜，它弥补了一点透视平滞，缺乏生气的缺点。

（2）两点透视与室内空间

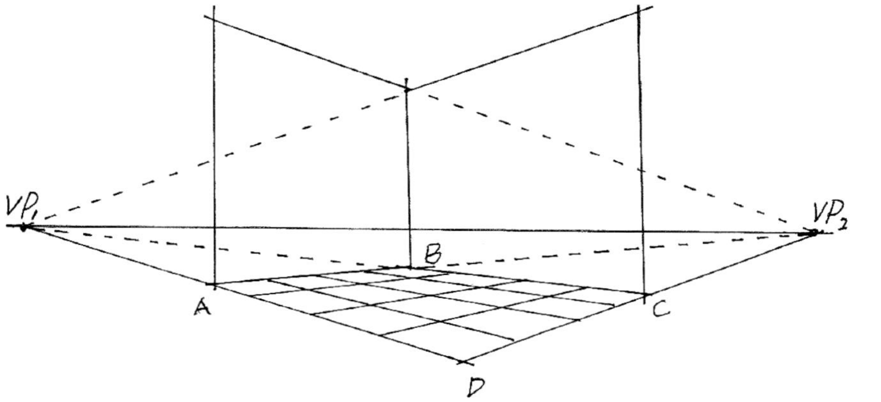

两点透视：又称成角透视，物体与画面成任一角度，物体只有铅垂线与画面平行，其高度不变，两边则各消失于两边的消失点，它的特点是图面效果较活泼，所反映的空间比较接近人的真实感觉。

（3）三点透视与室内空间

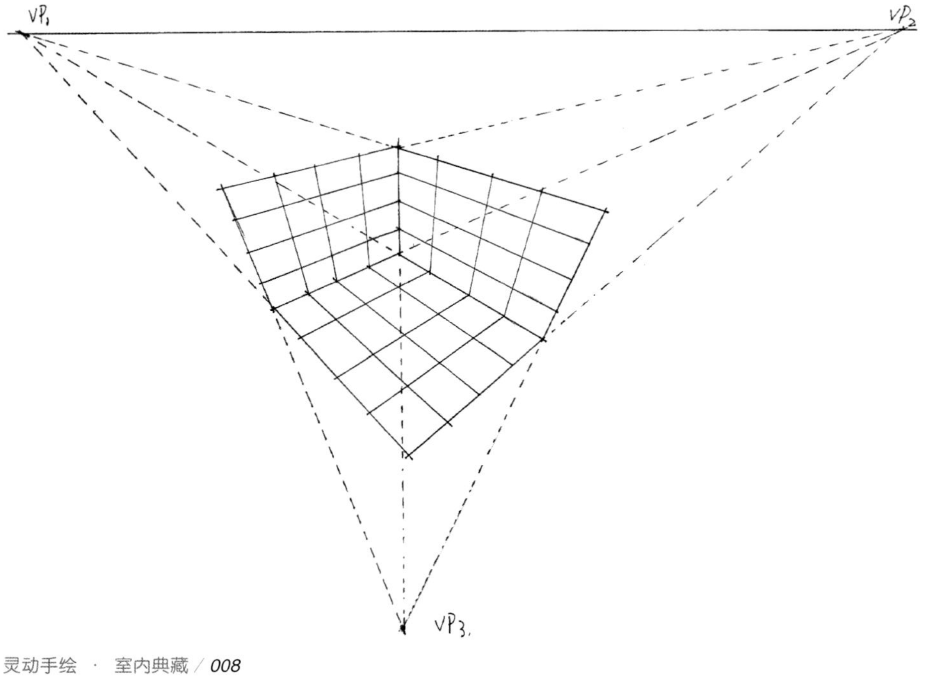

三点透视：三个方向的主要轮廓线均与画面成一定角度，分别形成三个灭点，它的特点是善于表现大场面、大空间，如鸟瞰图。

空间体块练习实例 1

三、透视空间体块

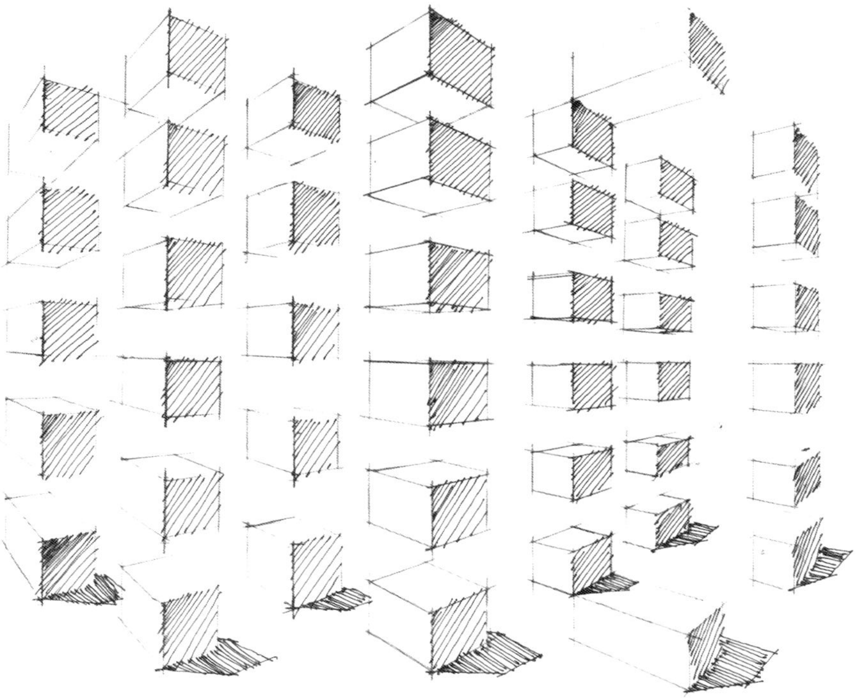

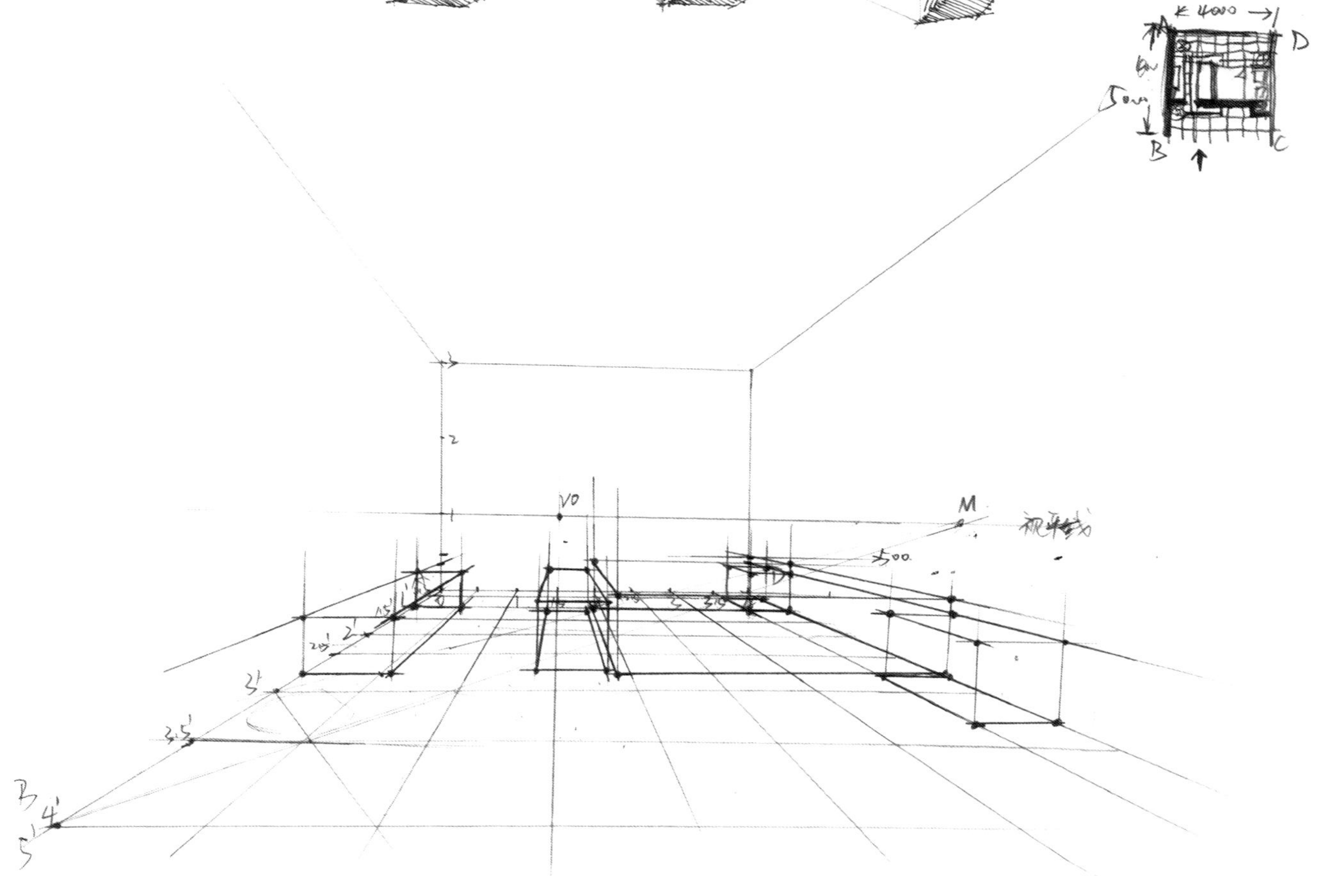

空间体块的练习能够养成对透视的整体把握以及在作图过程中能够更好地把握家具之间的比例关系。

空间体块练习实例 2

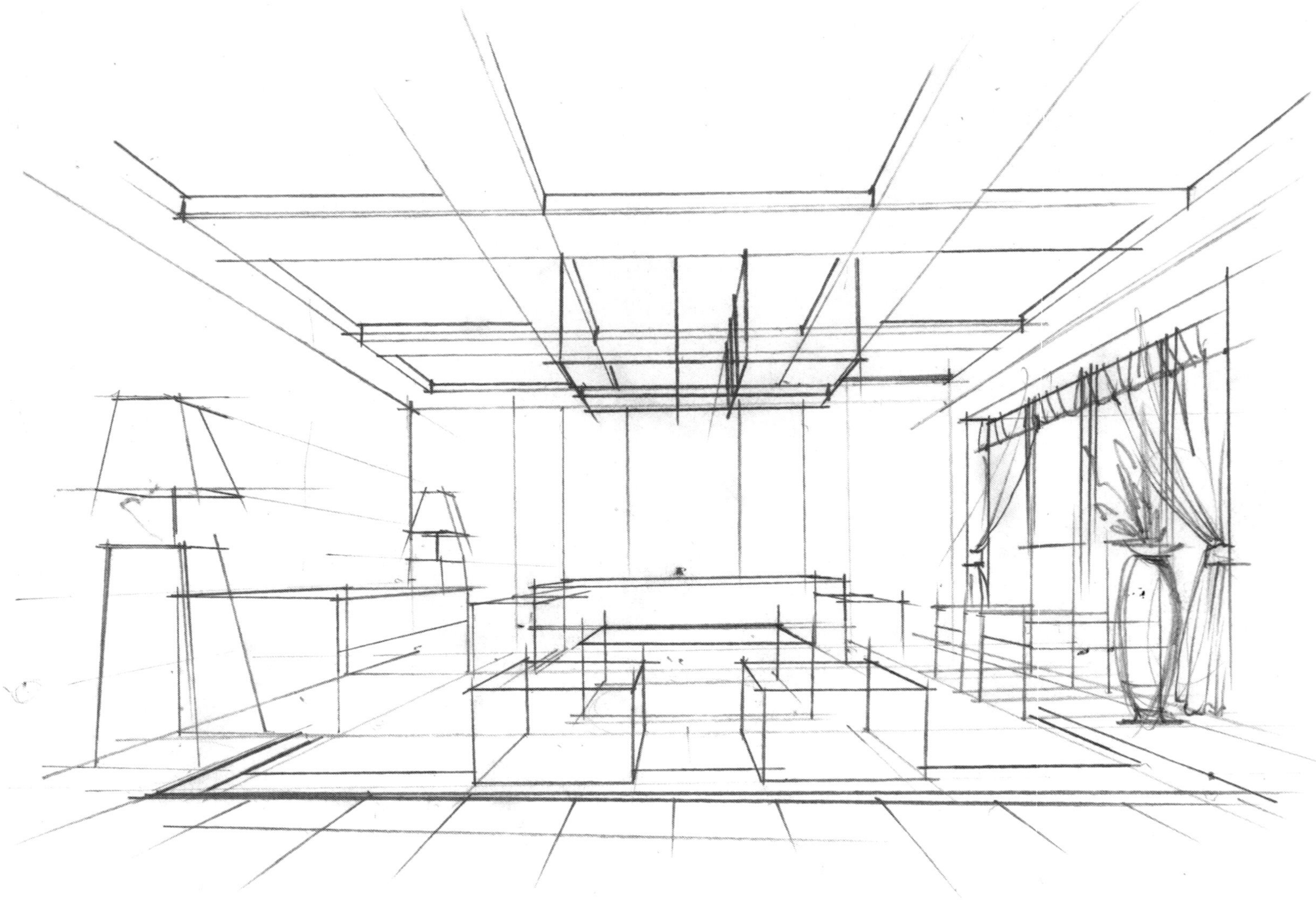

整个空间不需注重细节，所有家居比例和透视一定要准确，这样就对下面的刻画做好了铺垫。

空间体块练习实例 3

注重体块练习中的空间透视

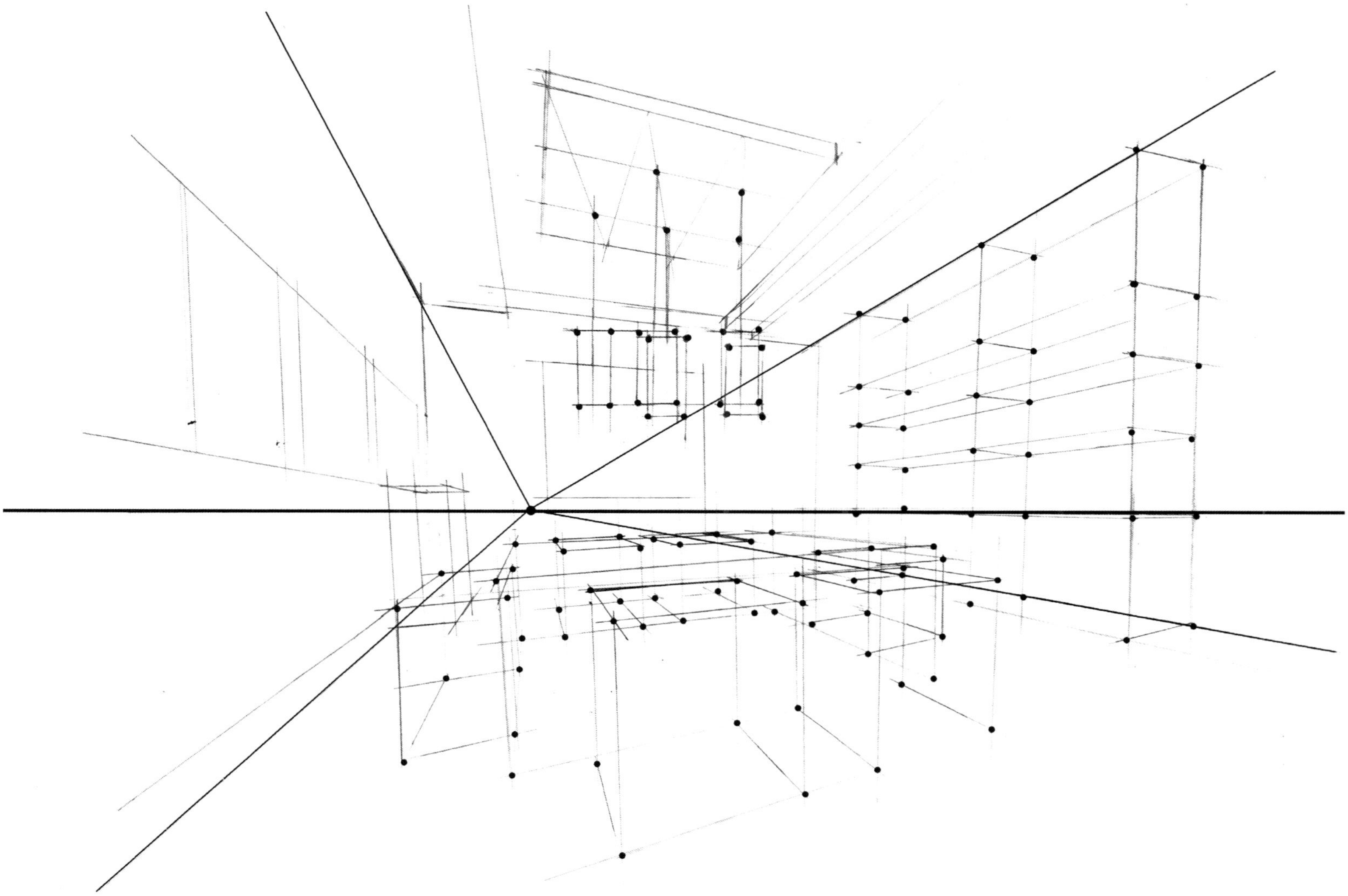

复杂空间更要把握好每个家具体块的位置。

空间体块练习实例 4

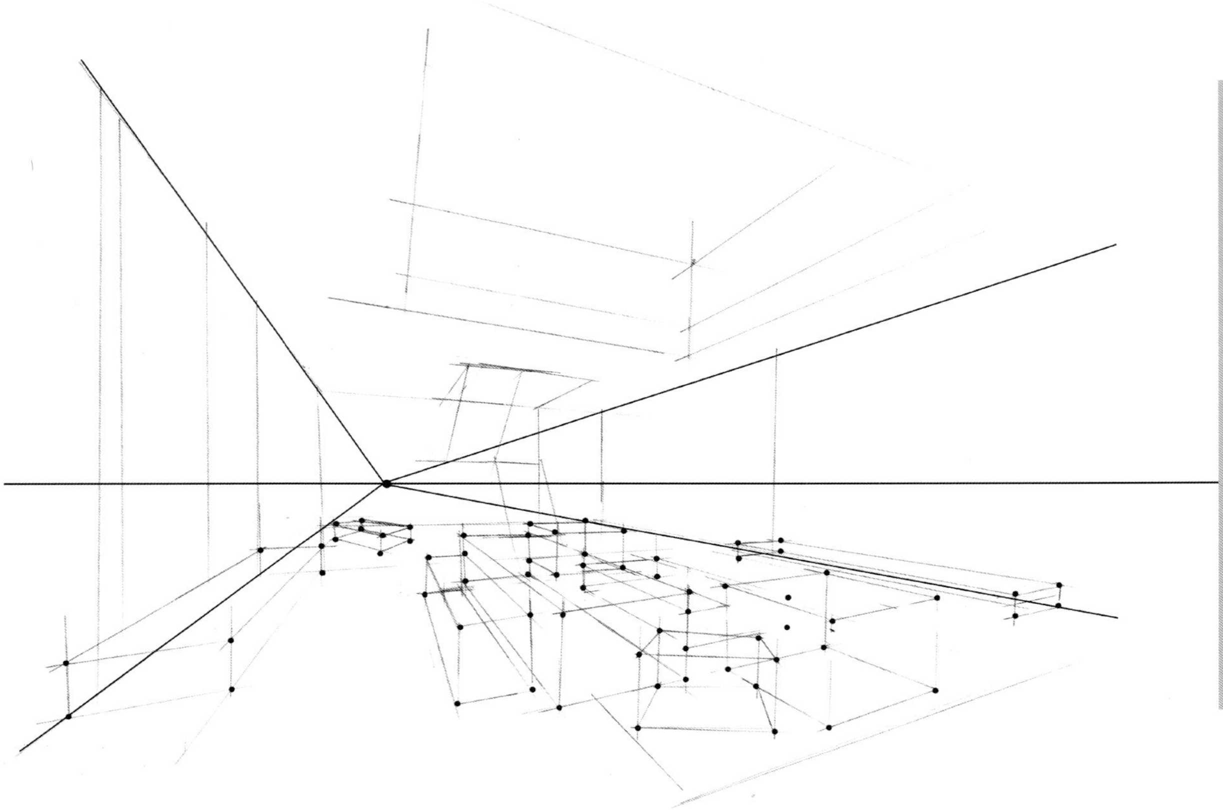

把原画物体的比例找准确，同时，再对比整体空间透视方便往下画细节。

在原体块关系基础之上可以向下升华，会变得更加容易且更加准确到位，一蹴而就。

两点步骤实际案例步骤讲解

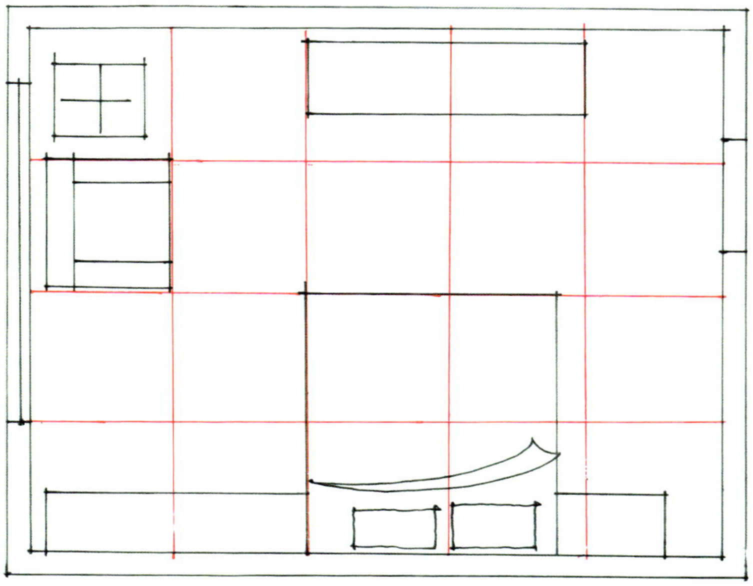

把平面图分为方格子，按照比例把每个格子划分实际尺寸，便于在画透视的时候把握比例，所以说透视图也是有尺寸的。

确定视平线，高线AB（我们给的房屋高3m），和两个消失点O_1、O_2；作A、B两点与O_1、O_2的连线并使之延长，以O_1、O_2为直径画圆弧，交AB延长线于视点E；分别以O_1、O_2为圆心，O_1E、O_2E为半径作圆弧，交视平线点于点M_1、M_2、M_1、M_2为透视进深的测量点。

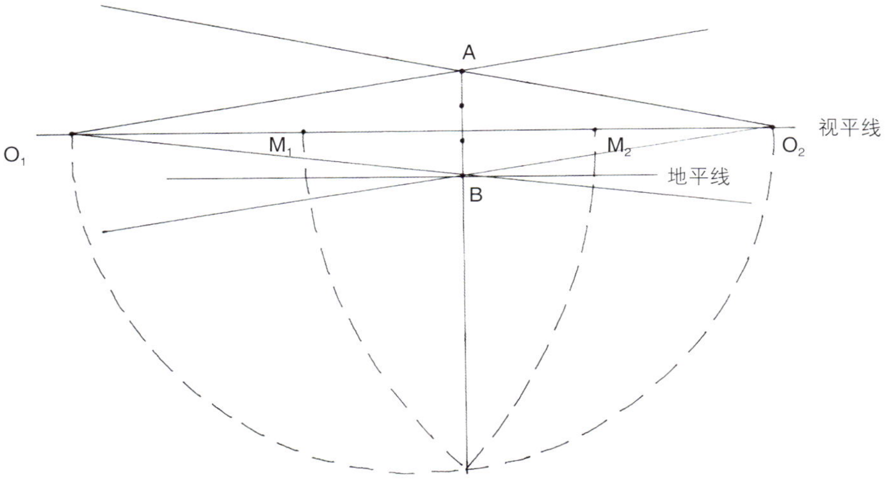

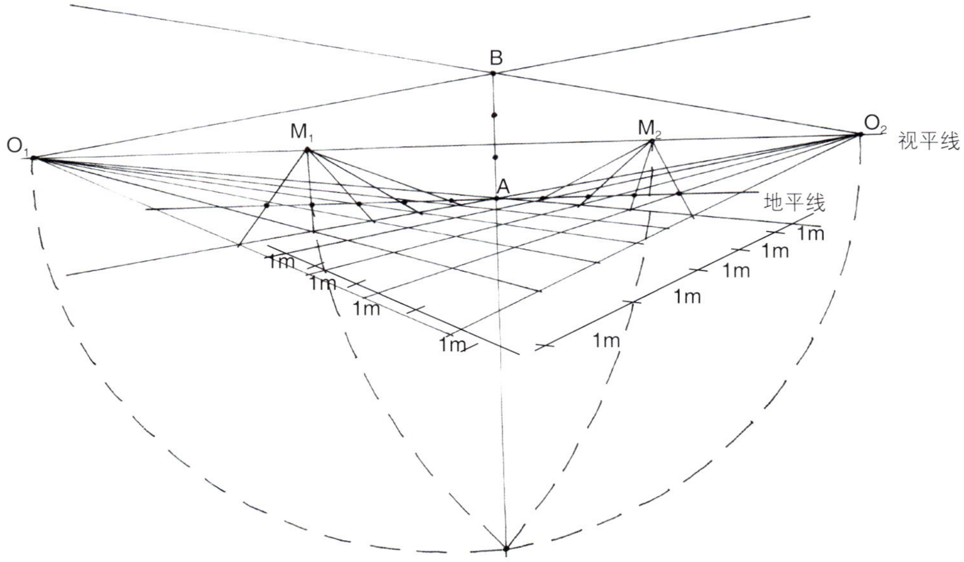

过A点作地平线，按AB同样比例标明刻度；分别过点M_1M_2作地平线上各刻度的连线，并延长至A点两侧的透视线上交于各点，将各点分别连线O_1O_2并反向延长，形成地面网格，这时我们得到每块地砖1mx1m地面。

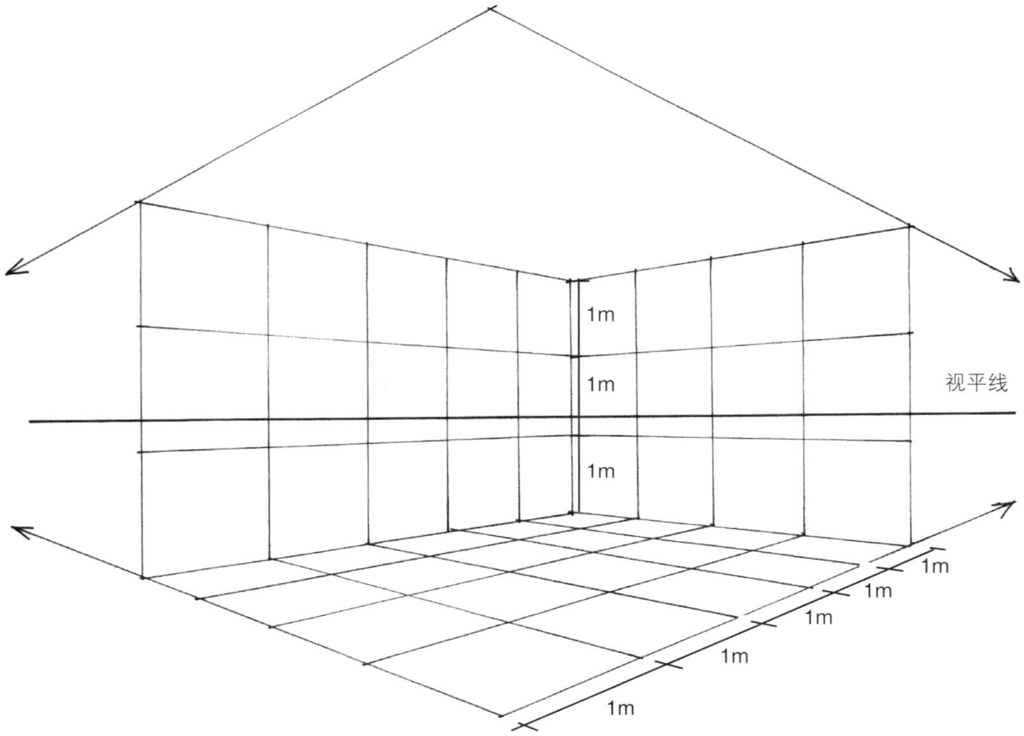

两点透视步骤 1

按照平面图实际尺寸和透视关系完成空间透视框架，每个方格为1m×1m 组成。

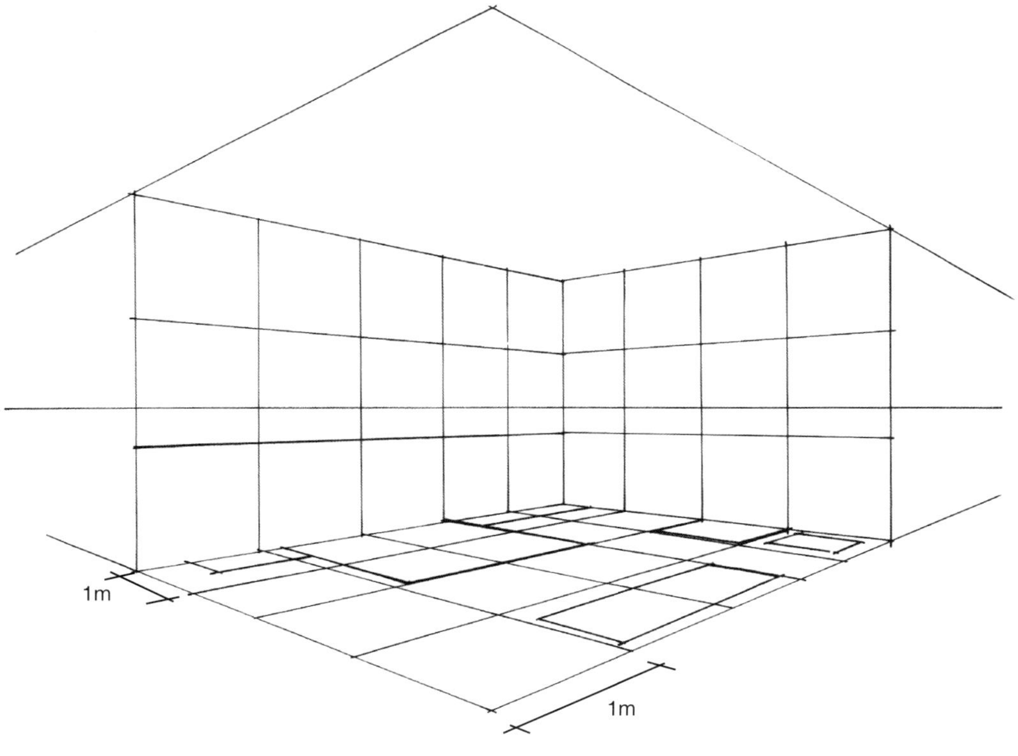

两点透视步骤 2

整个框架建立后，可以把家具按照比例关系在网格中把平面画出。

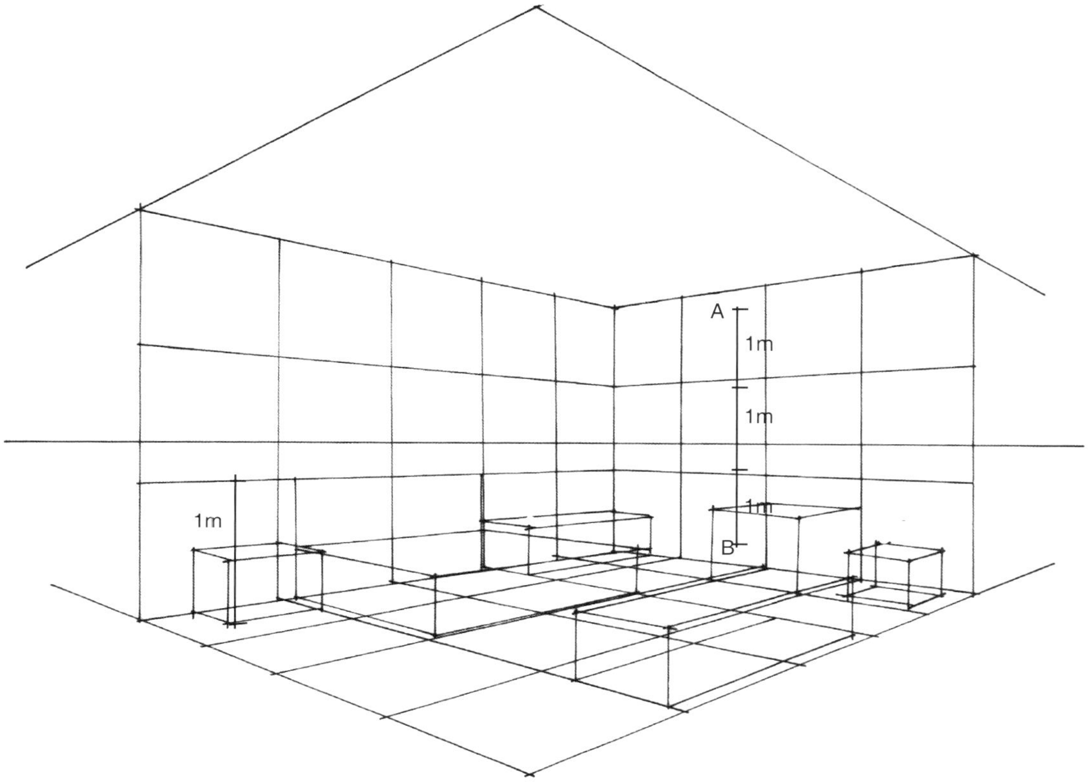

两点透视步骤 3

在高度AB上寻求出家具高度。AB墙面高度已经定出，且根据透视关系家具高度很容易定出。

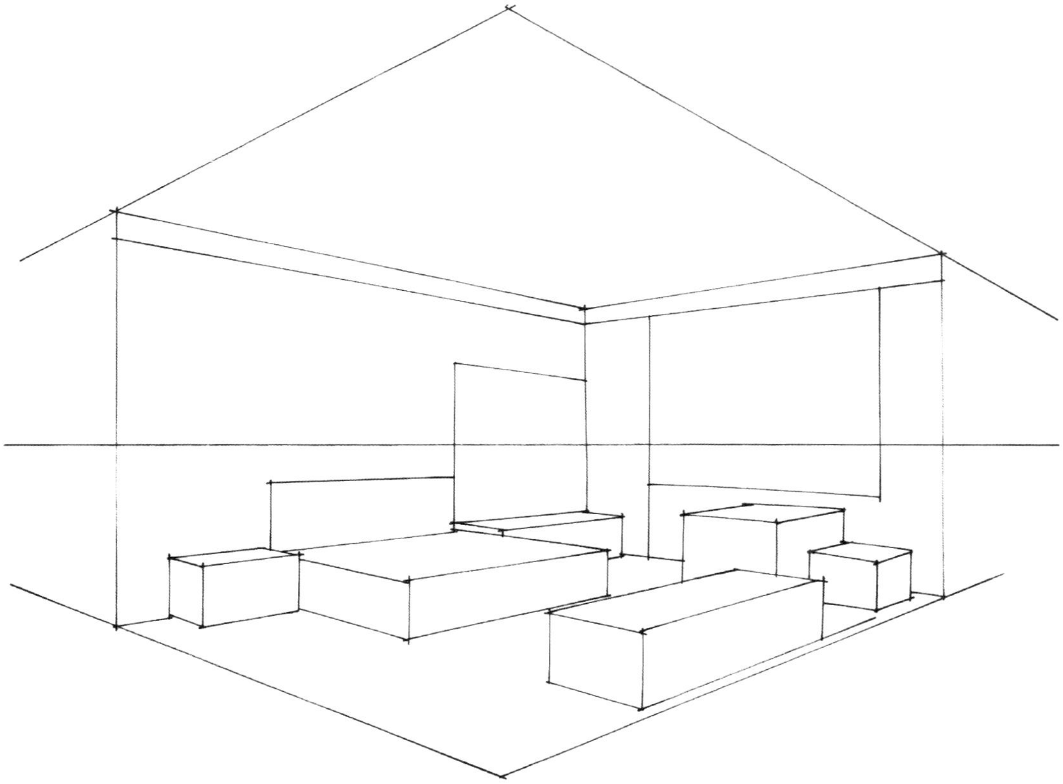

两点透视步骤 4

整理细节，把所有家具全部用块体来表示，也用到了前一节大家练习的空间体块，不要急于画细节。

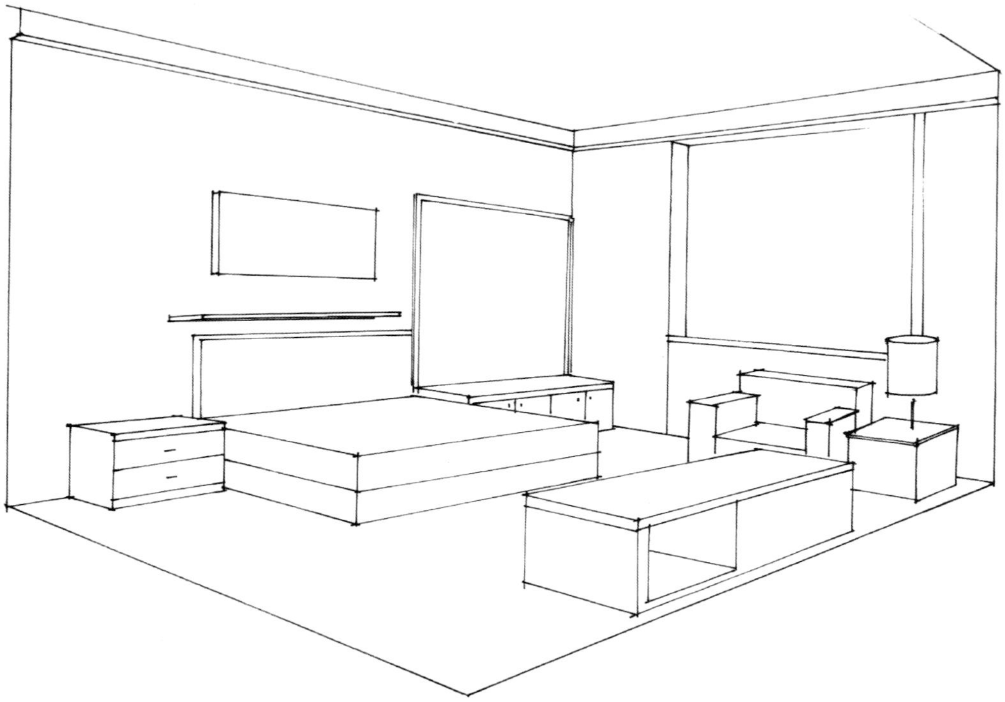

两点透视步骤 5

在整个空间中将画的体块刻画出家具的大概造型和大体结构，完成家具的刻画。

两点透视步骤 6

最后在以上步骤的基础上刻画每个物体的细节，加入一些收边植物和一些配饰，整幅图完成。

第二章

室内陈设

第一节

家居陈设画法

一、单人沙发画法

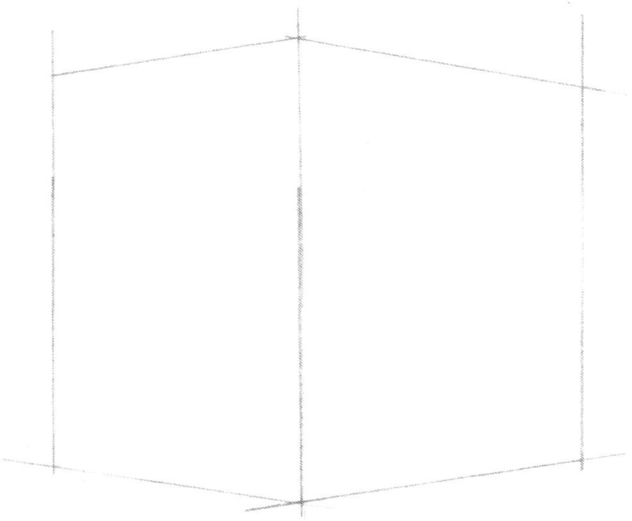

（1）以沙发长宽高的比例作为参照，画出近似的透视体积 。

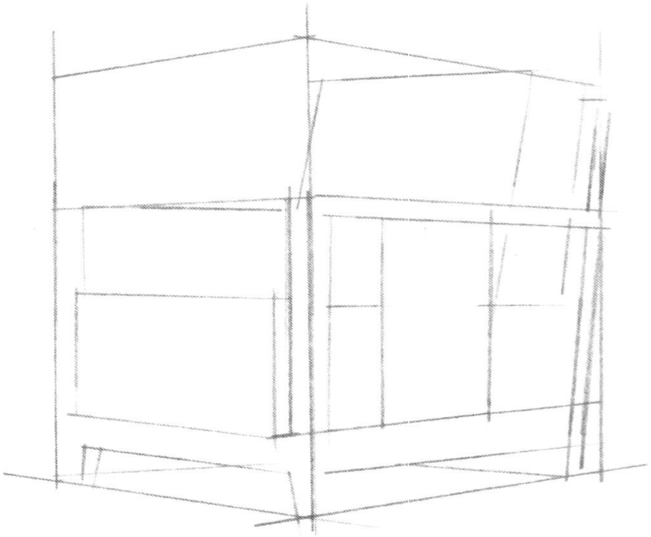

（2）细分沙发结构 。

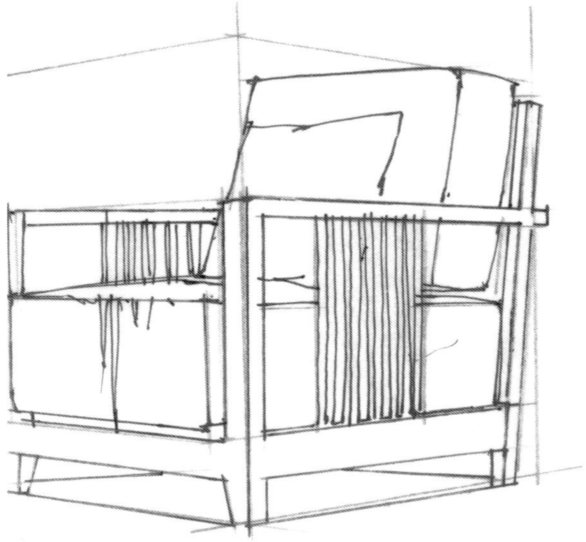

（3）细致刻画沙发不同的材质，木质线条硬朗，布艺线条柔美，注意厚度的表现。

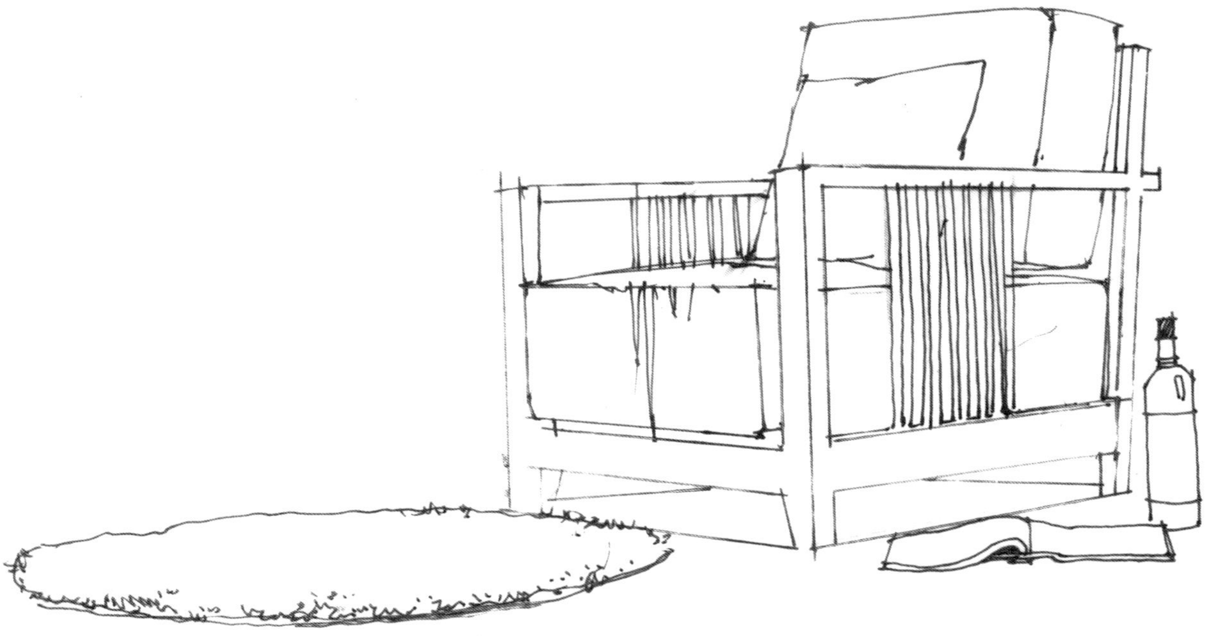

（4）画出周围配饰，使家居不再单调，同时擦去原来的空间体块线稿。

（5）去除多余的线条，加强明暗阴影对比，同时加入更多细节。

二、多人沙发画法

（1）把要画物体用体块表示，不用在意细节，这种方法也是为了养成良好的手绘习惯。

（2）将三个体块细分，组合沙发结构。

（3）根据组合沙发的不同材质，不同线条表示。

（4） 去除多余的线条，画出各种配件，加强明暗阴影对比。

第二节

家居陈设练习

伴随人们生活水平的提高，单纯的功能性空间已满足不了人们的精神追求，人们用“　家居设计家居配饰”　“软装饰”等词汇去努力描述家居空间所要营造出的氛围的重要性，那么更为精确的一词应该叫家居陈设。家居陈设是指在某个空间内将家具陈设、家居配饰、家居软装饰等元素通过完美设计手法将所要表达的空间意境呈现在整个空间内，使得整个空间满足人们的物质追求和精神追求。

家居陈设线稿练习

平时勾一些随意的 小配饰，可积累更多素材

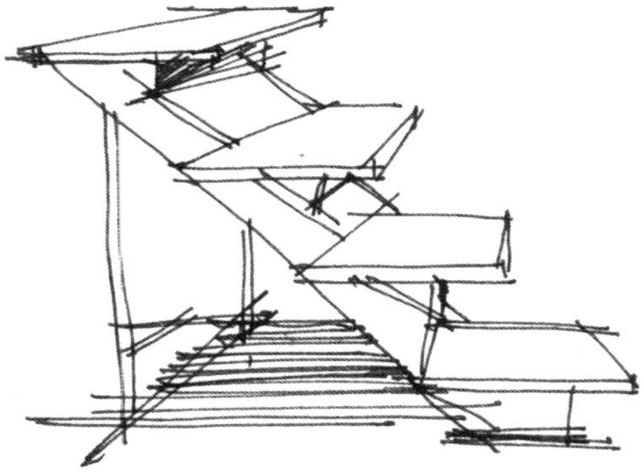

抱枕之间要处理好前后关系，使抱枕更有立体感，则可在表面刻画材质肌理。

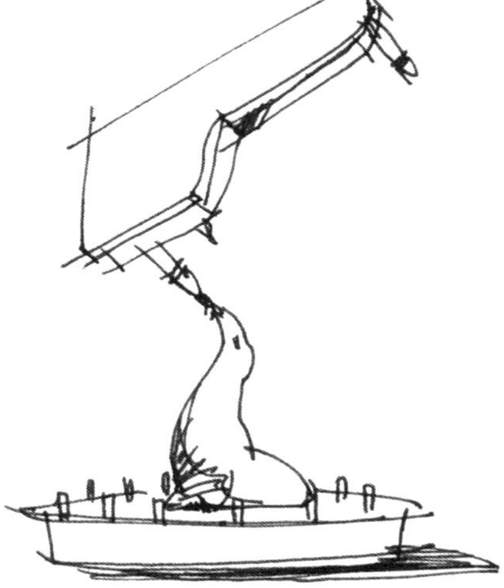

这些小物体的练习，一点不用拘谨，随意勾绘，但注意比例和结构。

家居陈设线稿练习

练习一下小配件的明暗对比关系

用线的排列表现这些物体的明暗关系，特别注意阴影的处理。若使用横向线条，则按照透视方向，若地面为抛光砖或者是木材等光泽度较高的材质，则可使用竖向线条。

对以后空间的明暗把握起到作用。

家居陈设线稿练习

植物练习时，注意枝叶的前后左右不同方向的穿插

大部分室内图都必须收边，把以上植物学会够用了。

家居陈设线稿练习

家用电器的练习一定要注意明暗结构

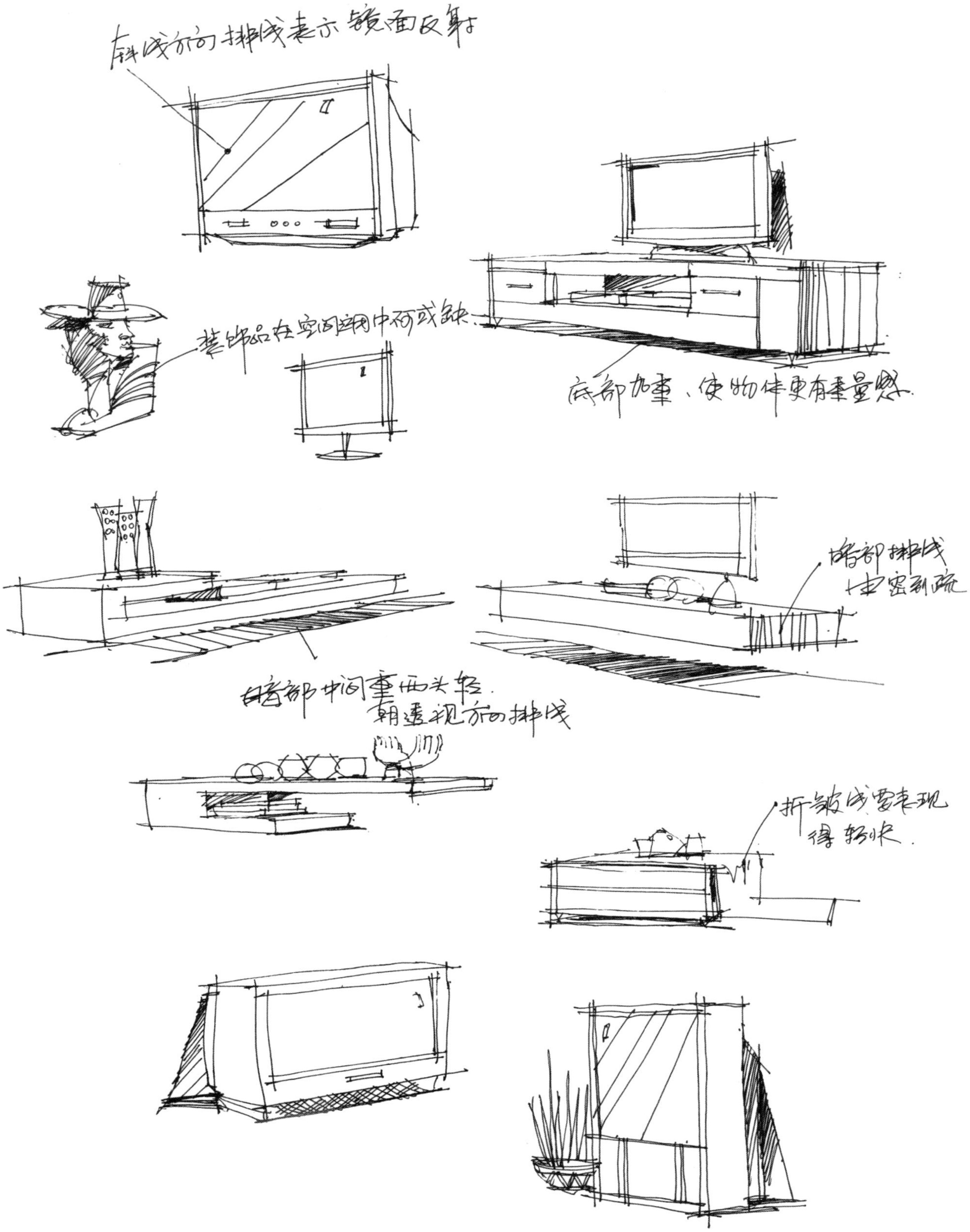

练习不同的家用电器在生活中积累素材。

家居陈设线稿练习

画装饰画时，一定把内部内容概括地画出来

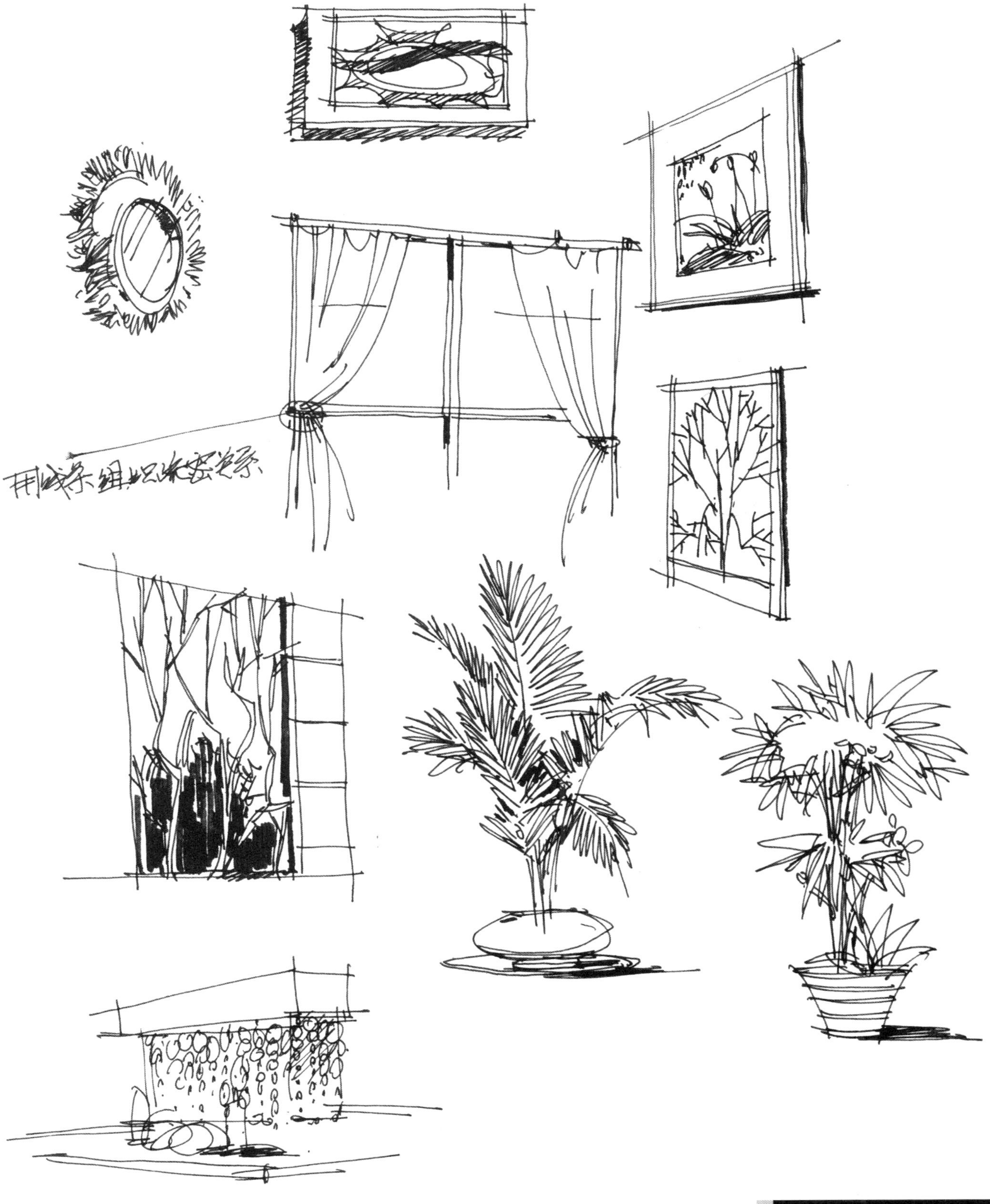

在不同空间画不同类型的造型。

家居陈设线稿练习

在画单个物体的同时可以放一些配饰，比如花、浴巾，让空间更生动

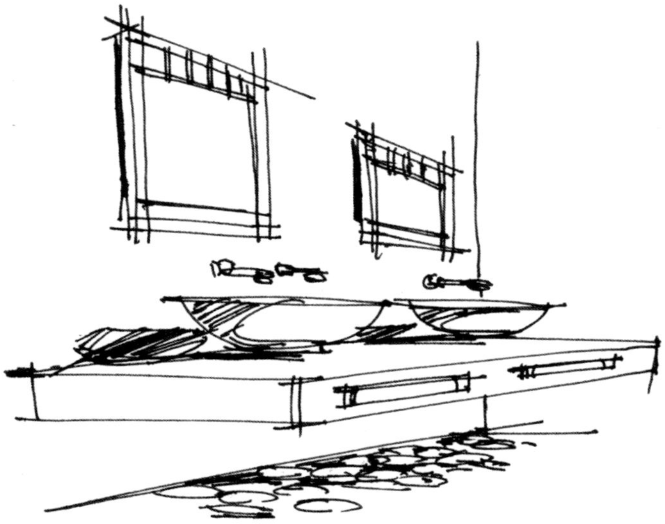

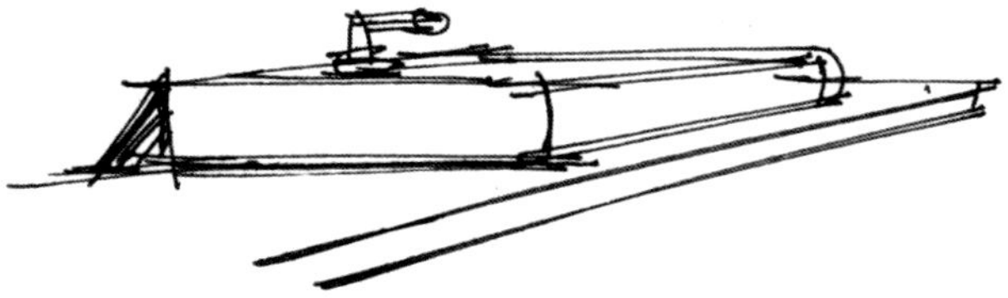

判定面盆时，可选择在较强的光线下，
从侧面仔细观察。

卫浴空间的单体一定画出那种不同的质感。

家居陈设上色练习

灯饰——家居的眼睛

室内灯具上色一定要注意灯光处理，且不要用太多颜色。

家居陈设上色练习

一些中式材质上色大多用木色单颜色

上色不必过多，注意颜色过渡。

家居陈设上色练习

沙发上色确定两面后，可以直接留白，使光感更强

暗部重色也是在固有颜色基础上加重。

家居陈设上色练习

上色就像画水粉，不可用纯度高的颜色

在原颜色纯度过高时，可加入同色系灰度叠加，使纯度降低。

家居陈设上色练习

上色注意冷暖变化，若沙发本身为暖色，可在阴影部分画成冷色

沙发黑白灰关系处理好，阴影地面等颜色重下去。

家居陈设上色练习

创意型沙发上色较自由

根据沙发色型和转折来上色且不可上太多色。

家居陈设上色练习

床的表达重点是刻画暗部

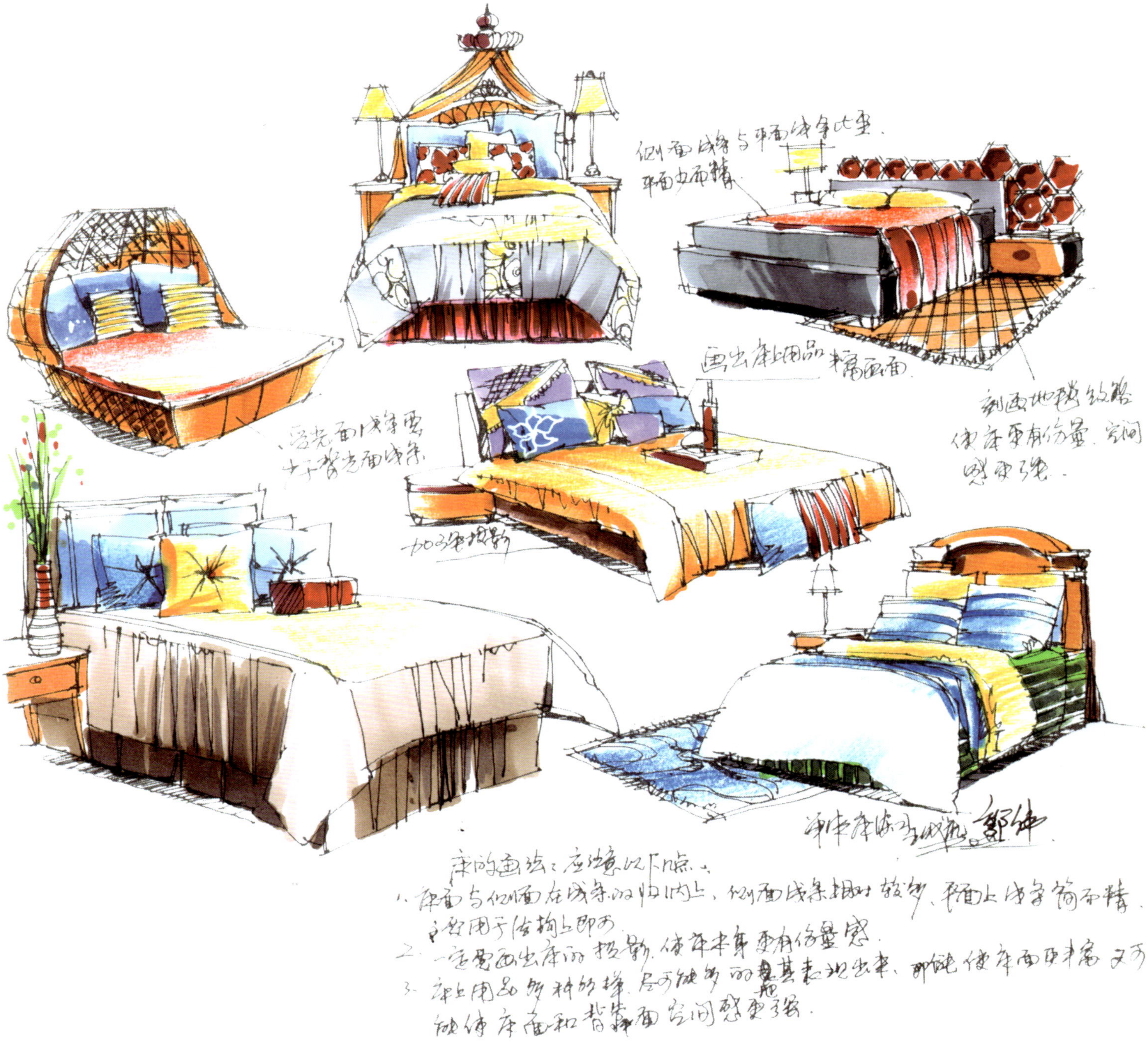

冷暖关系拉开，床本身用暖色，抱枕用蓝色。

家居陈设上色练习

注意刻画材质纹理

确定固有色后，从暗部过渡到亮部。

家居陈设上色练习

小配饰上色要丰富

可用多种颜色去表达，将整个空间点亮。

家居陈设上色练习

电视机要注意显示屏颜色

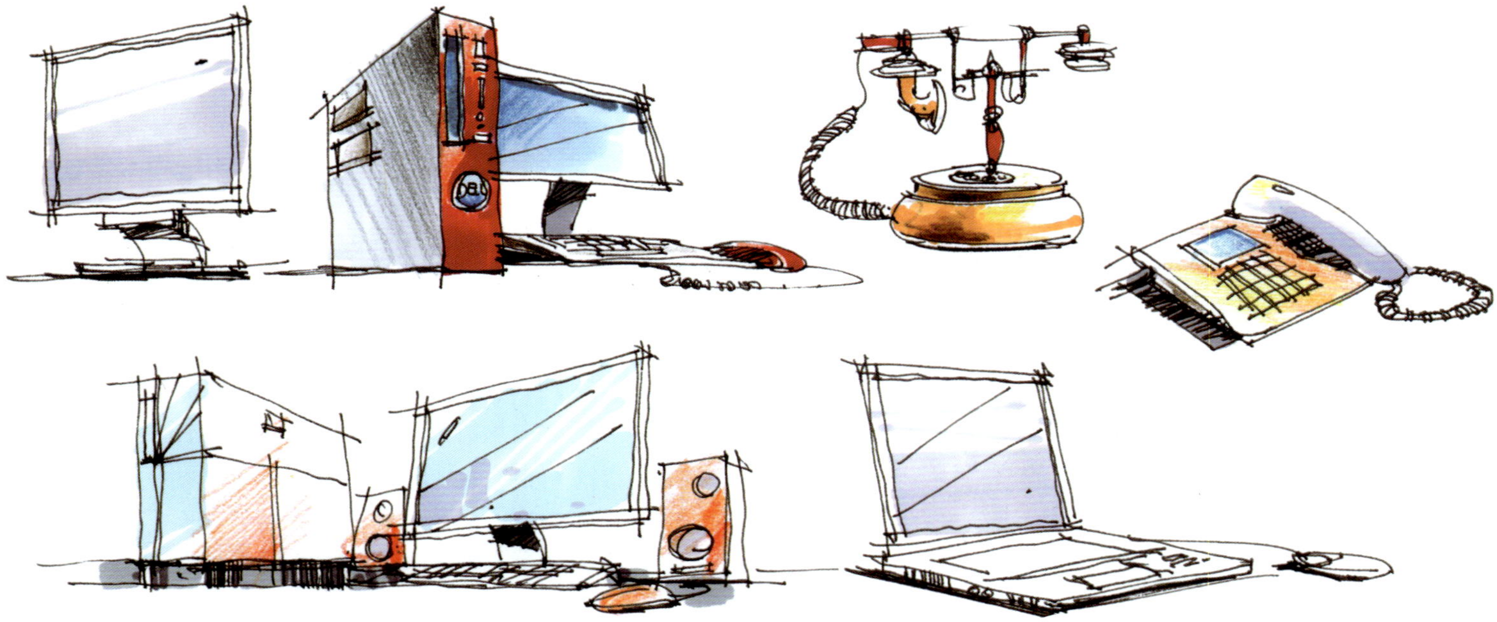

整个显示屏颜色可以定为蓝色来表示。

家居陈设上色练习

注意严谨的透视和比例关系

整个组合都由空间体块到严谨细化物体结构形成。

家居陈设上色练习

收边植物上色注意整体统一

室内常用收边构图植物

植物刻画时，注意叶片的前后层次，前面的叶片亮，后面的叶片暗，整体是下部重上部亮，有一种插入花盆的感觉。

收边植物上色一般用两种颜色画，暗部互相叠加。

家居陈设上色练习

注意光和阴影

用线的排列表现这些物体的明暗关系，特别注意阴影的处理。

光和阴影能区分空间前后和体积关系。

家居陈设上色练习

电视和电视柜与家有关的生活艺术

注意电视柜的投影表现。

家居陈设上色练习

洁具是现代家居重要组成部分

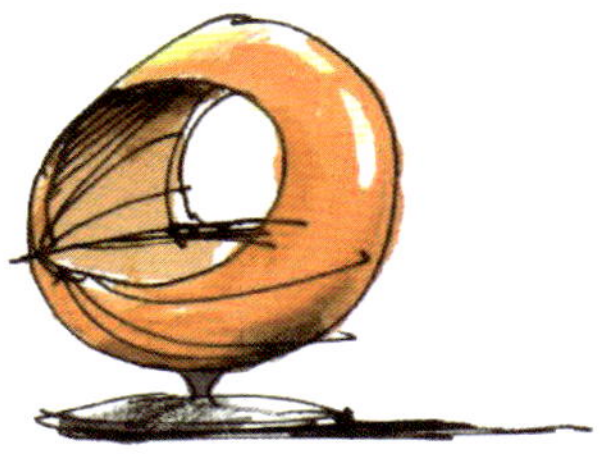

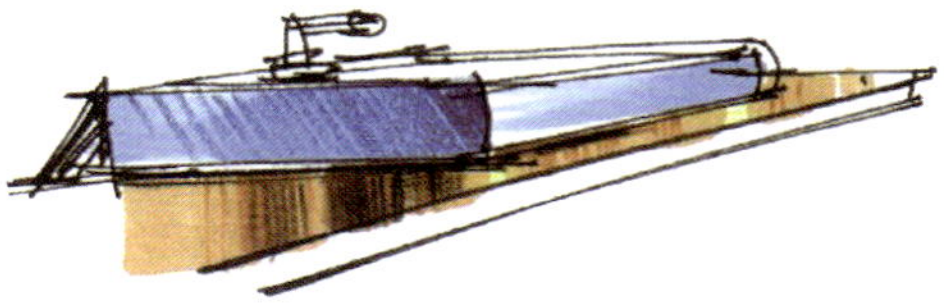

注意 材质反光效果。

家居陈设上色练习

餐桌上的生活艺术

餐桌上的花瓶、水果等，要注意其体积感的塑造。

家居陈设上色练习

盆栽艺术

注意光照下的体积塑造。

第三节

直线与曲线的不同表达效果

说到直线与曲线，在这里我们重点讲解一下，目前也可分为两个派别，一个是“学院派”，一个是“社会派”。

本书中的“学院派”主要是指学生这一部分群体，很多学生在校期间刚接触手绘时，第一印像就是喜欢直线，而且比较喜欢徒手的直线。大家在谈论手绘的时候，往往比看谁能徒手画直线，看谁的直线画得直、画得长。其实大可不必追求这些，因为在大学学习期间缺乏老师系列指导，很多学生不能真正领悟手绘学习到底是为了什么。

另外一种我们称之为“社会派”，其实也就是那些在设计工作岗位的一些设计师，很多设计师有大部分不是学习设计专业出身，而是由绘图员升级的，他们在公司会受到很多首席设计师和方案设计师的熏陶，所以就喜欢上了直线。因为前人的影响和熏陶，他们更希望将线条画得更潇洒、更漂亮，甚至更加快速。在这个群体中，其追求的是看谁的线条抖，谁的线条潇洒，谁画得更加快速。

其实这两种派别本身都没有错，但我们要知道我们学习手绘的目的是什么，根本是什么。不管是直线还是曲线都是表达的一种方式，要想使这两种方式能运用得当，表现完美，能画出来一张漂亮的图纸，更重要的是要注重手绘效果的透视、比例、空间等关系，只有这个基础之上追求线条的潇洒与漂亮才是正确的。

那么怎样才能够锻炼这种能力呢？在绘世界手绘教学与培训过程中，很多老师经常一块研究怎样能够让学员掌握一个更好的更加有效的方法。我们经过在绘世界教学的经验和成果后，总结了一套练习室内手绘效果图的一套方法，可供大家作些参考。首先，我们将课程分为100个课时，前30个课时必须要求学员用直尺作图，准确地找到透视点，并把空间关系比例关系全部研究透。不能急于脱离直尺，这是最基础的。不管以后你想徒手、抽象还是画直线都离不开这个基础。像米开朗琪罗、达芬奇等等这些大师后期画的作品和设计的作品很简练，但早期画了很多精细的东西，只要把一些最基础的东西研究透，才能够跳到更高的层面，不然就会走入误区。经过30个直尺练习的课时后，我们会再安排30课时，这30课时是由学生选择自己喜欢的方法来表达，给一些方案让学生做，看自己适合哪种方法表达，但前提是把透视、空间比例关系画正确。那么最后40课时就由学生自己随性发挥，喜欢徒手的，可以在原来的基础上去徒手，喜欢直线的根据自己的性格去画直线。直线和曲线是根据个人而来的，并不是每个人都符合。

下面对比下直线和曲线的画法，其实只要能将自己的设计理念画出来，就都是正确的，不管你用什么方式表现，都是次要的，都要根据个人的具体情况而定。

曲线的随意和潇洒其实也是很多人想要的，但这种表达方式需要很好的美术基本功，下面为一张中庭与楼梯入口的一个设计方案，整幅图表现的设计非常到位。

从这张图可以看出吊顶的设计以及上下空间是如何衔接的。

本图为一个KTV室内设计，这种徒手的图往往是设计师在一瞬间的创意，在一瞬间能够把自己的想法用一只笔快速地表现出来，也是记录设计的一个过程。

酒店的一个休闲区，能够用曲线表达出来这样一张既有氛围又有空间效果，也是非常难得。

可以看出设计师的设计重点在什么位置。

中间的一棵植物让整个空间融入到大自然的环境，吊顶也用到生态设计手法。明暗关系处理得比较恰当。

第三章

平面转透视步骤详解

第一节

一点透视步骤详解

一点透视注意事项

一点透视是在室内效果图表现中最容易、最常用，也是最能表现整个场景效果的技法之一。一点透视更能直观地表现左右两侧面和顶面，让客户更为直观地理解工艺、材料以及装饰风格，因此一点透视是我们学习的重点。

一、A案例——中式客厅

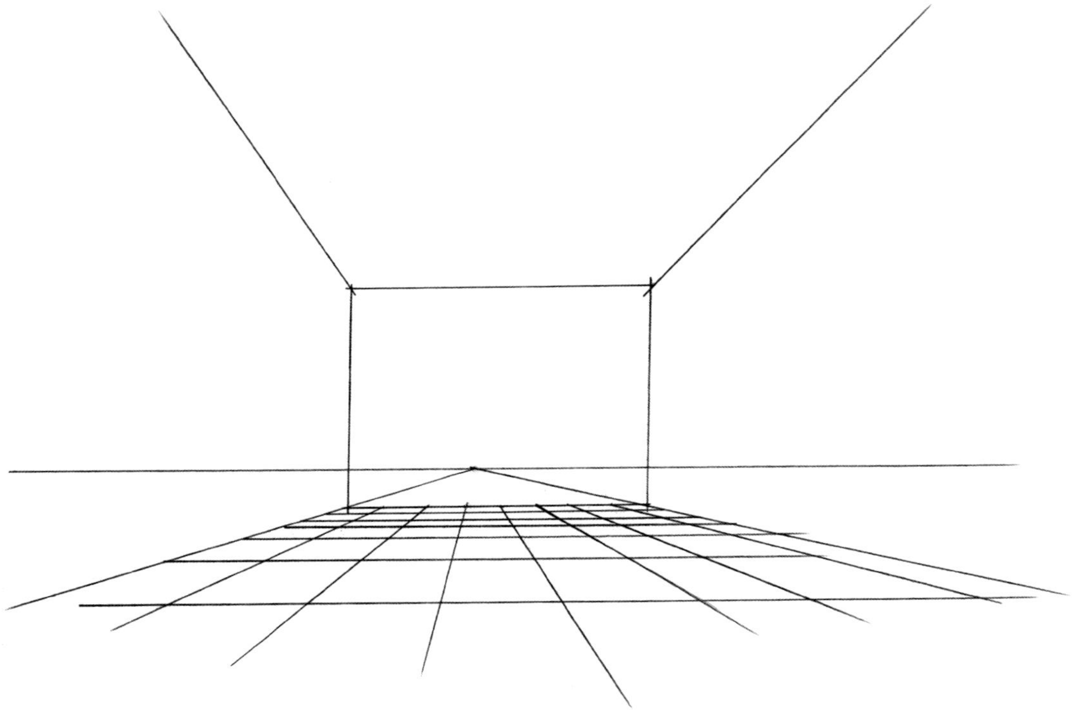

A 案例步骤一：

首先确认大致空间，把内墙画出来，定好视平线以及消失点，视平线定在1m位置，这样画出来的空间有气势（前面已讲过）。

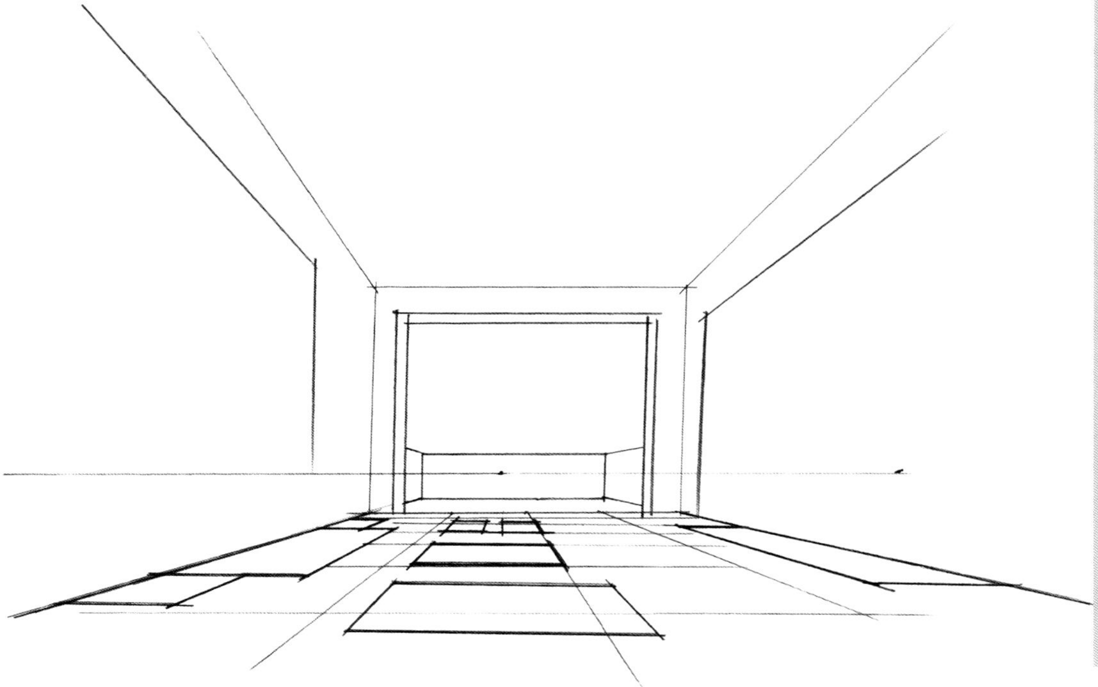

A 案例步骤二：

把所有物体的平面图例搬进空间，需要按照比例关系以及严格的透视关系。

A 案例步骤三：

然后把平面物体就像方盒子立起来。就可以确定空间关系（一定要掌握人机工程学，也就是家具尺寸一定要熟练）。

A 案例步骤四：

进一步根据自己的立面设计方案和立面的材料完善和细化。

A 案例步骤五：

更一步细化，刻画出更详细的物件轮廓。

A 案例步骤六：

更加细化，能够把每个物体的材质都表现到位，让客户看到这张图能知道其质感，这才算一张好图。

A 案例步骤七：

加上一些收边的植物以及很多细节上的小装饰，以前练习的配饰这个时候就能够用的上了。

二、B案例——酒店客房步骤详解

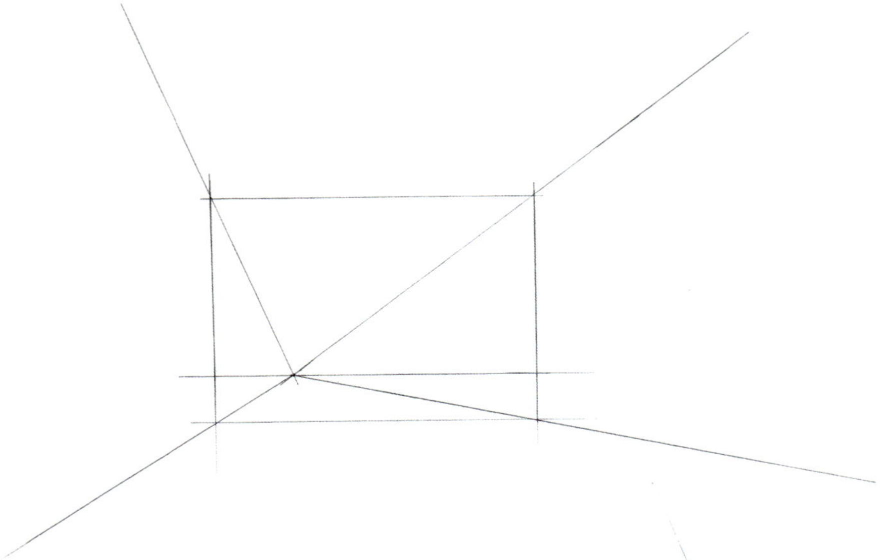

B 案例步骤一：

定好消失点和视平线，把地面氛围8等分，也就是每个网格500mm。

B 案例步骤二：

然后把床的位置按照2m的长度找到4个方格就定好了2m床的位置，按照同样的方法把卧室的其它物体画出来平面。

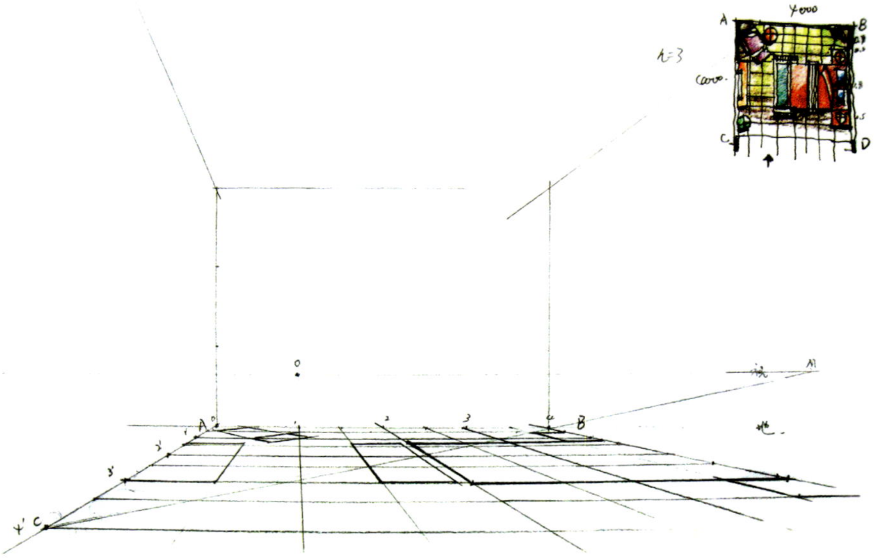

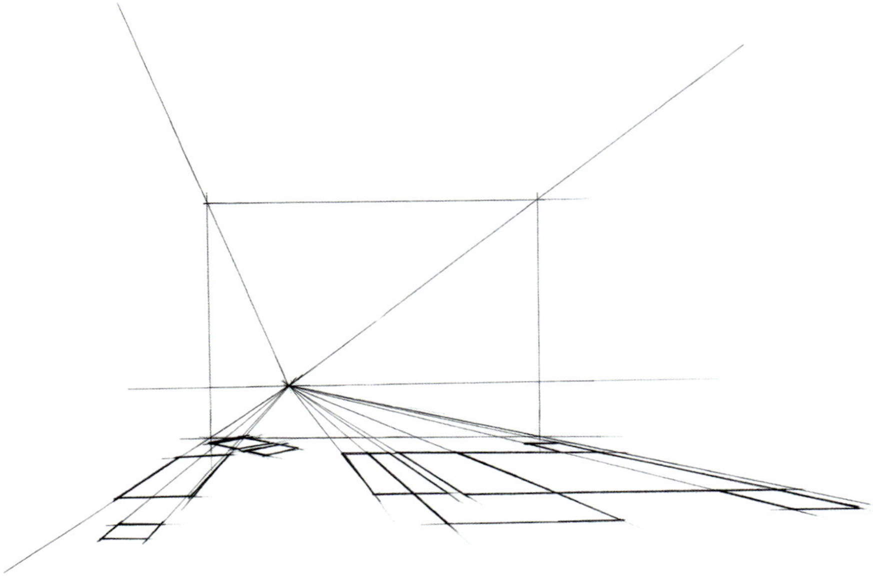

B 案例步骤三：

去除平面辅助线，使画面简洁明了。

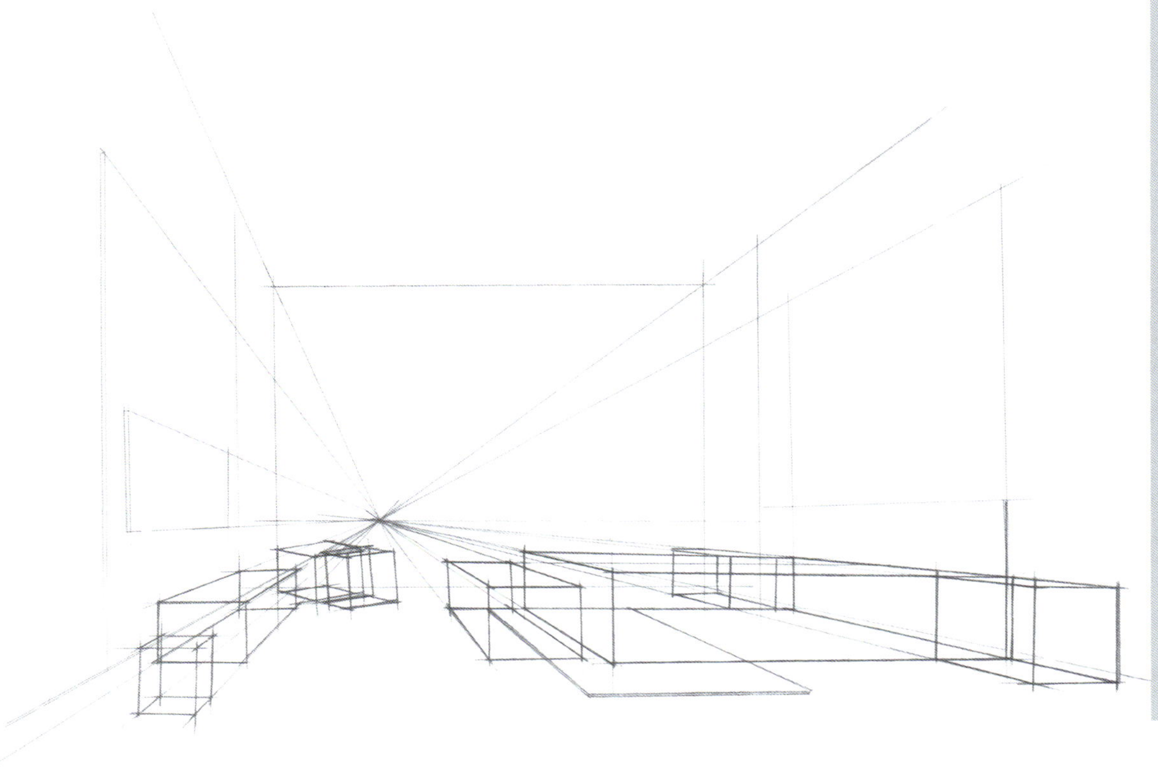

B 案例步骤四：

把平面图按照透视关系立体起来，按照透视的高度画出物体并且细化。

B 案例步骤五：

把一些细节处理的更加详细，以及电视柜上面的一些配饰加上，收边的植物勾画细致，每个物体的投影加重。

B 案例步骤六：

完成稿

三、C案例——现代客厅经验画法

用原理与经验结合的步骤画法

C 案例步骤一：

框选各个交点与消失线连接拉出室内空间各个面。然后定出地板上的格子。

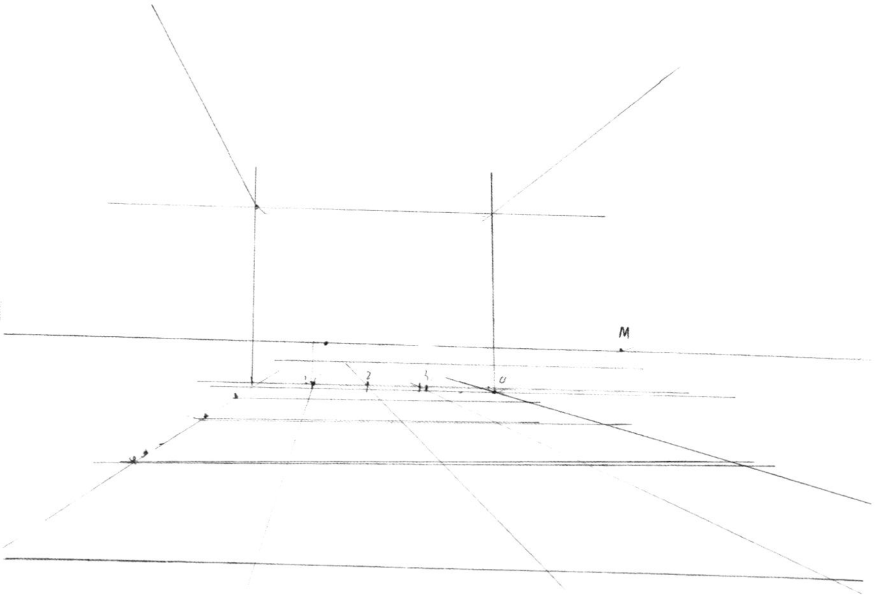

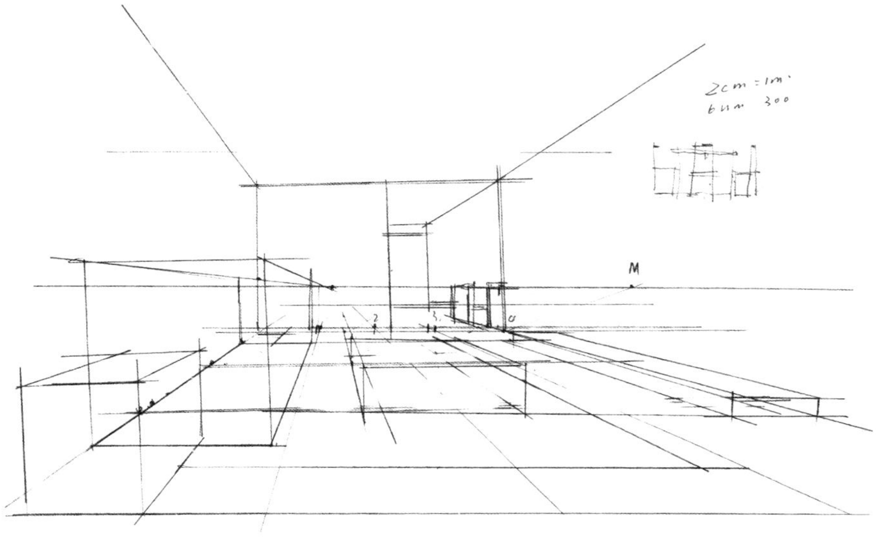

C 案例步骤二：

根据家具尺寸拉出高度，这一步可以徒手来完成。

C 案例步骤三：

细化铅笔稿，根据立面造型完善空间。

C 案例步骤四：

在整体空间的作画过程没有拘泥于小节，从整体入手，在整个空间体块关系完成后，后面再深入就得心应手，在局部也可以徒手。

四、D案例——和室餐厅步骤详解

D 案例步骤一：

定出餐厅的视平线、消失点和宽。

D 案例步骤二：

参照宽来定高，并在地板上确定家具的位置。

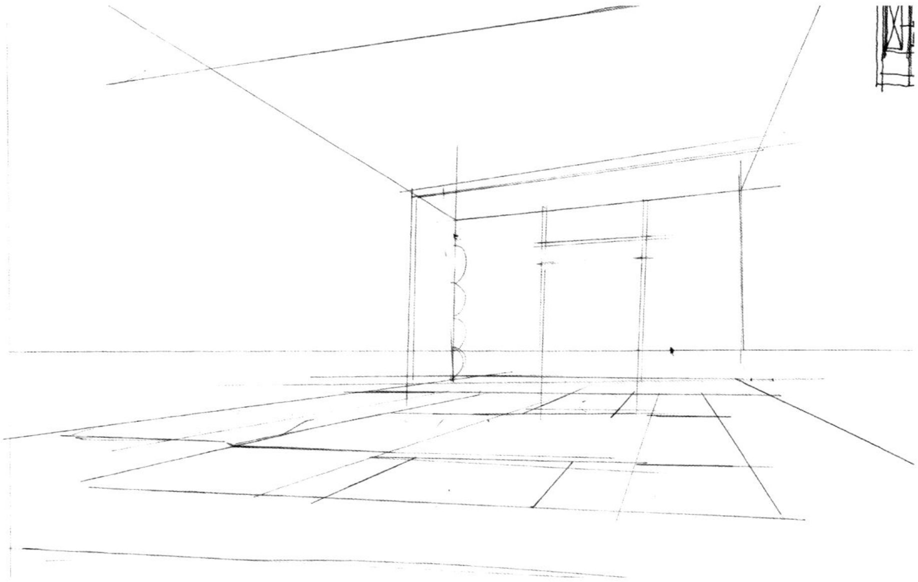

D 案例步骤三：

根据家具尺寸拉出高度，形成空间透视体块。

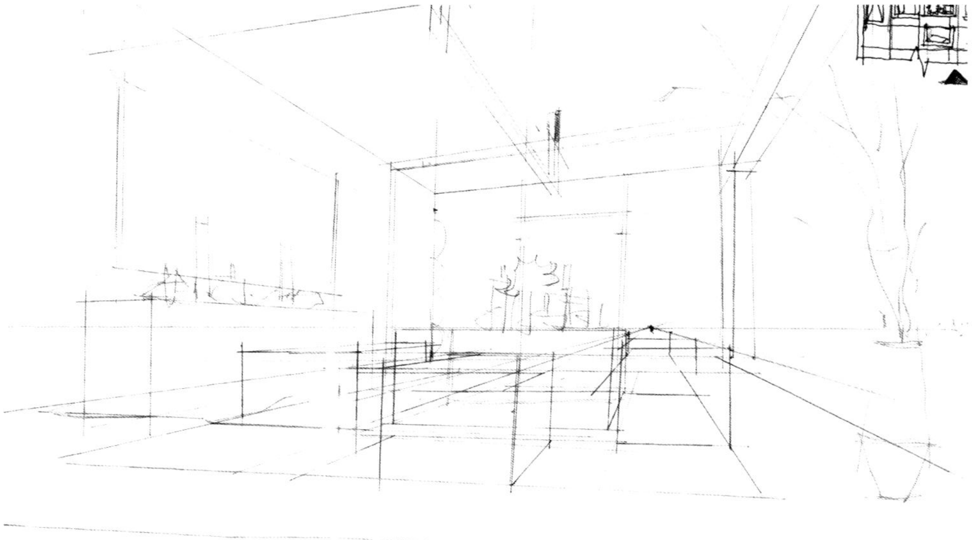

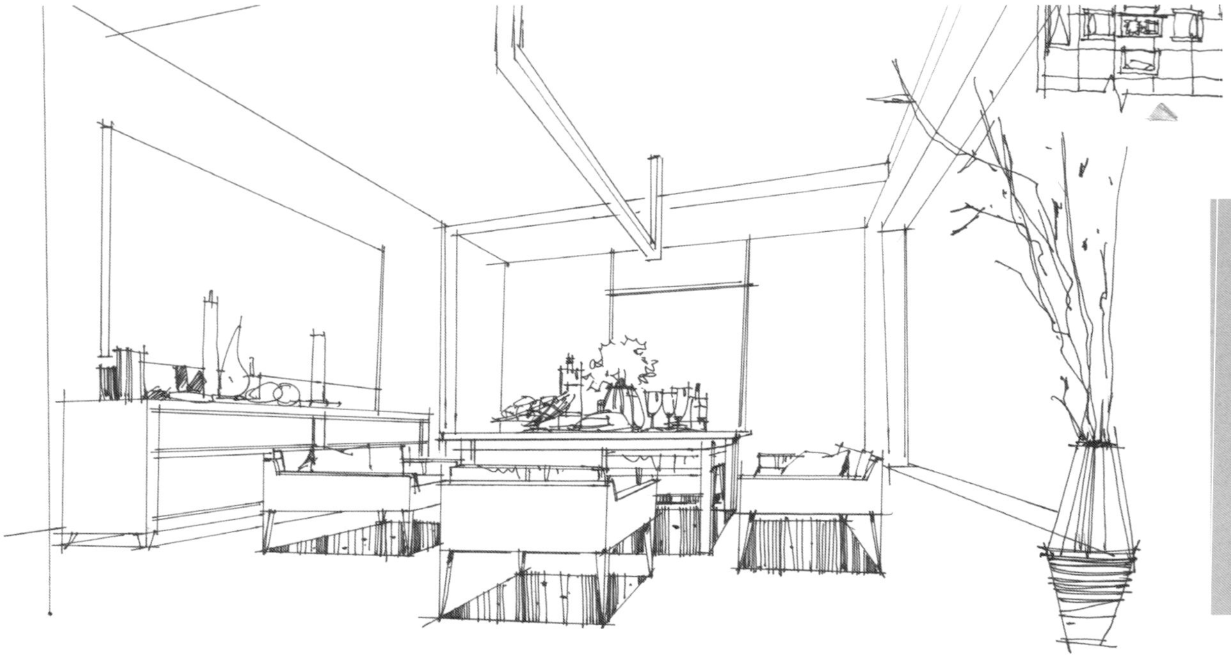

D 案例步骤四：

在家具空间透视体块的基础上，细化家具的形体和结构。

D 案例步骤五：

深入材质刻画，标注材料。

五、E案例——别墅起居步骤详解

E 案例步骤一：

两个空间的表现，也是先确定空间视平线、消失点、宽和高的比例。

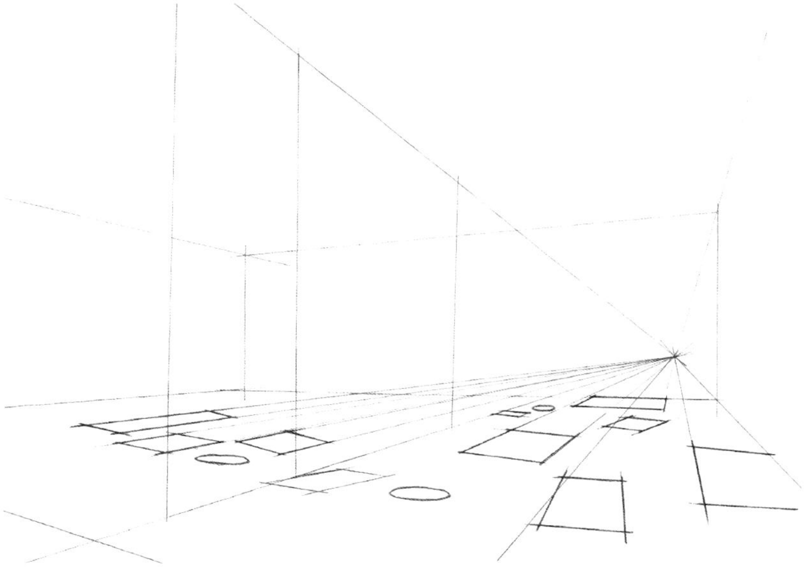

E 案例步骤二：

确定家具在地板上的摆放位置。

E 案例步骤三：

按家具尺寸拉出高度，形成空间透视体块。

E 案例步骤四：

深入材质刻画，注意隔断厚度和结构。

本幅图由一个空间分隔成两个空间，在表现上有侧重 点，重点笔墨集中在隔断和地毯上。虚实对比强烈。

六、F案例——中式客厅步骤详解

E 案例步骤一：

确定客厅宽和高的关系，表现室内空间可以把视平线定低点，让整个空间更有气势，我们定在 600mm 左右。

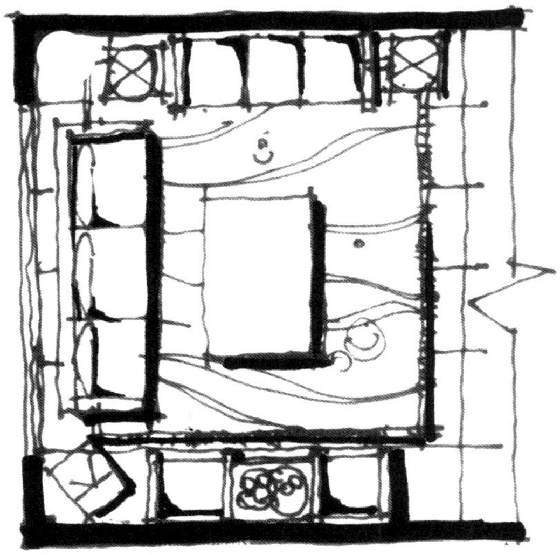

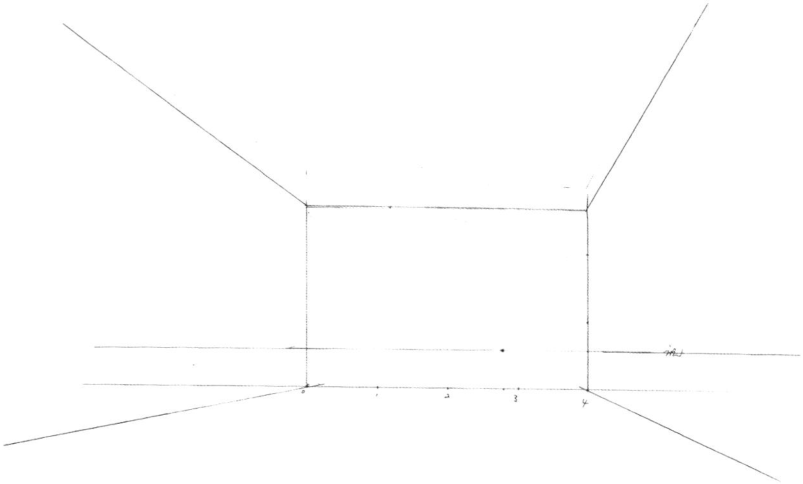

E 案例步骤二：

按透视方向画出地板砖，为了方便，我们先画 1000mm × 1000mm 地砖。

E 案例步骤三：

按对角线方法找出每块地板中间，画出 500mm × 500mm 地砖，按家具的尺寸确定家具地板摆放位置。

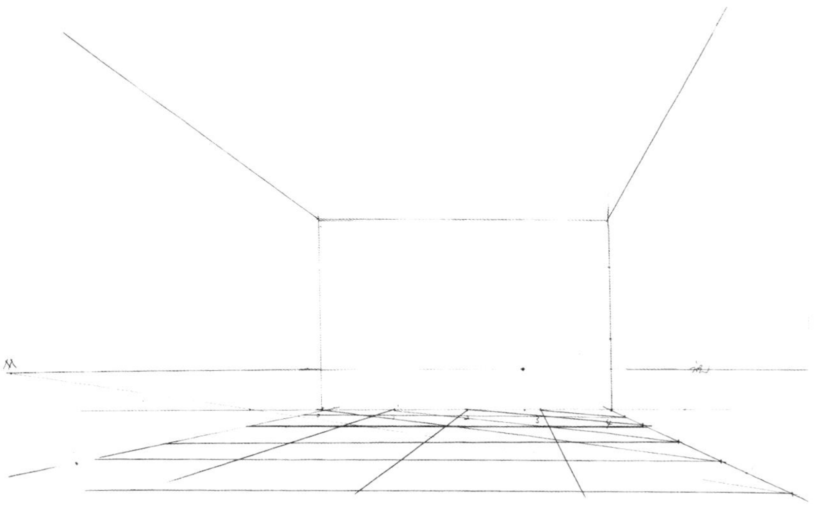

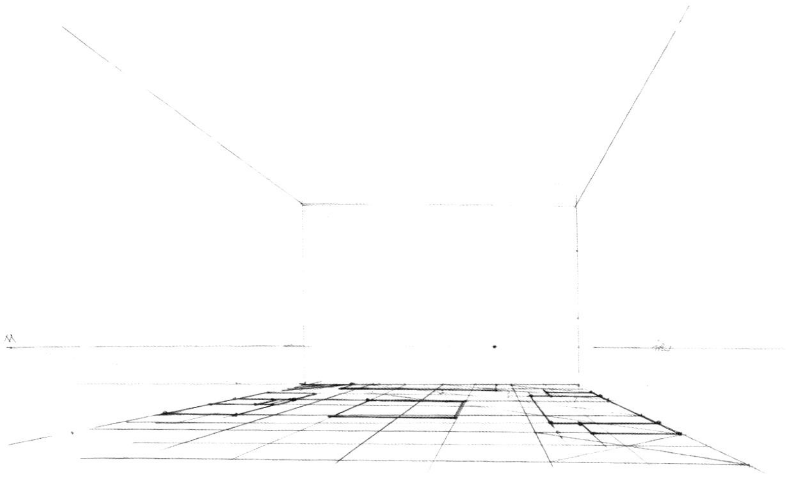

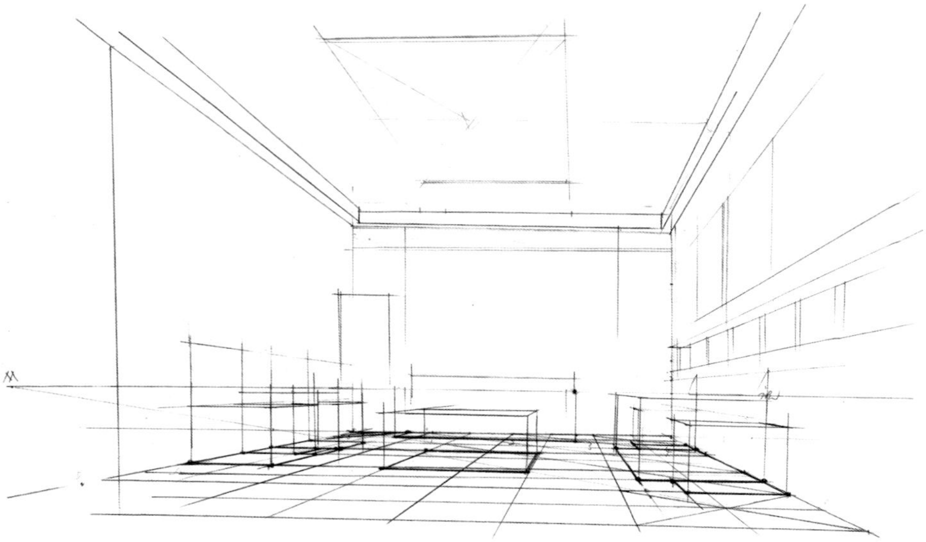

F 案例步骤四：

按家具尺寸拉出高度，形成空间透视体块。

F 案例步骤五：

在家具空间透视体块的基础上，细化家具形体和结构，确定屏风的透视关系。

F 案例步骤六：

细化家具结构和软装饰。

F 案例步骤七：

绘出光影，强化黑白灰关系。

此幅图表现的风格简约而不简单，且装饰品丰富。特别注意的是隔断屏风上的图案及地毯上花纹的透视。

七、G案例——别墅空间步骤详解

G 案例步骤一：

大空间别墅表现，最常用的表现是把消失点定低，越低越好。

1. 方便表现，地面家居多，消失点低，很多重叠起来省事。

2. 消失点低，天花板就大，形成很有气势的大空间。

3. “头轻脚重”虚实对比明显，有很强的稳定感。

然后按透视方向画出地板砖，按家具尺寸拉起高度，形成空间透视体块。

G 案例步骤二：

从前往后，在家具空间透视体块的基础上，细化家具形状和结构。

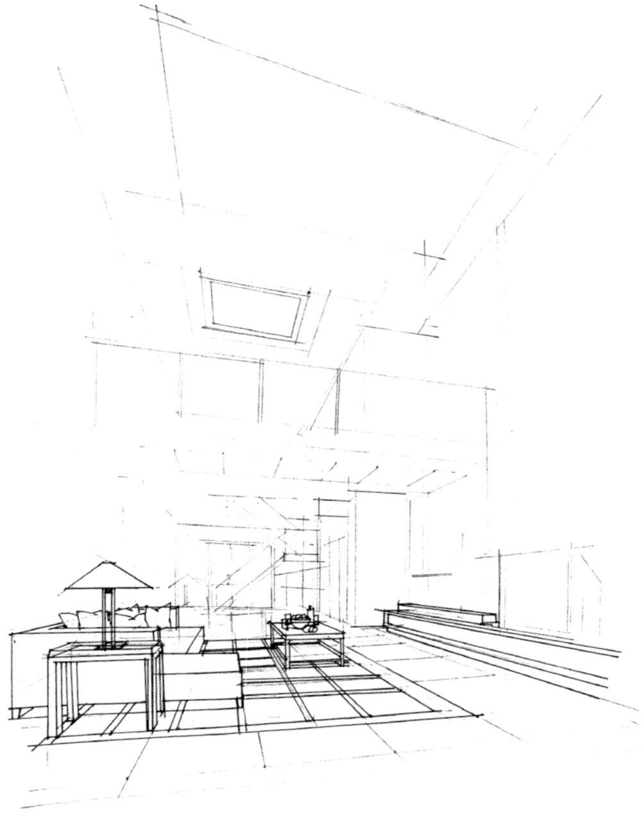

G 案例步骤三：

到这一步的时候，特别要注意近大远小的关系，前面的台灯和后面的台灯大小形成向消失点方向缩小。

G 案例步骤四：

给出光影，强化黑白灰关系。

八、H案例——服饰西餐厅步骤详解

本案例为设计师的一个草图，没注重太多细节。更多的是把握整体大的空间关系。

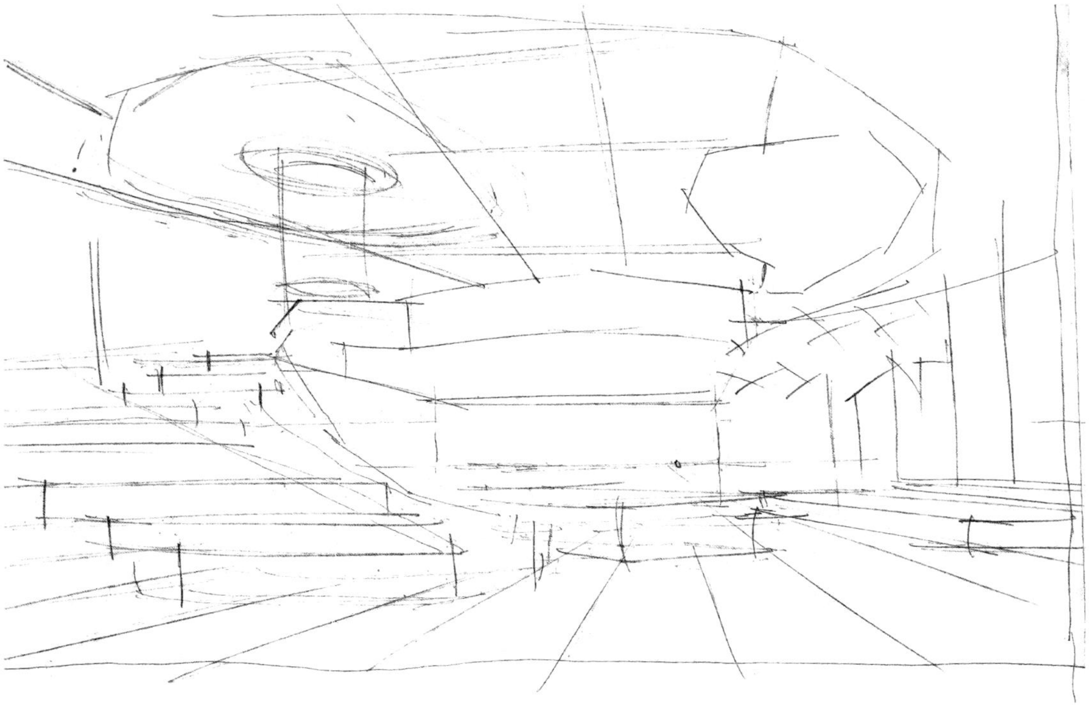

H案例步骤一：

同样一张大的空间表现，这种图一定要把消失点定好，大的框架勾勒出来后，想要表达得非常精细的话就从局部入手，前提是一定要先考虑好整个的设计和一些物体的造型，做到心中有数才能够下笔，否则最后很难把握住这样的一个大空间。

H案例步骤二：

从一些主体物下手，一般我喜欢选择椅子、桌子这些物体。这样我可以更好地把握整体的空间前后关系，我会把前面的物体画得很精致，到后面会慢慢的弱化。

H 案例步骤三：

下一步就简单了，在画主体物的时候，把周围的物体都跟着画全，不能够互相脱节。

H 案例步骤四：

完成稿。

九、案例——现代客厅步骤详解

案例步骤一：

确定客厅宽和高的关系，表现室内空间把视平线定低点，按透视方向画出地板格，并确定家具摆放位置。

案例步骤二：

前面介绍了几种画法，这里介绍局部画法，在地板家具摆放位置上，拉起透视体块并细化家具形体，画出投影，强化黑白灰关系。

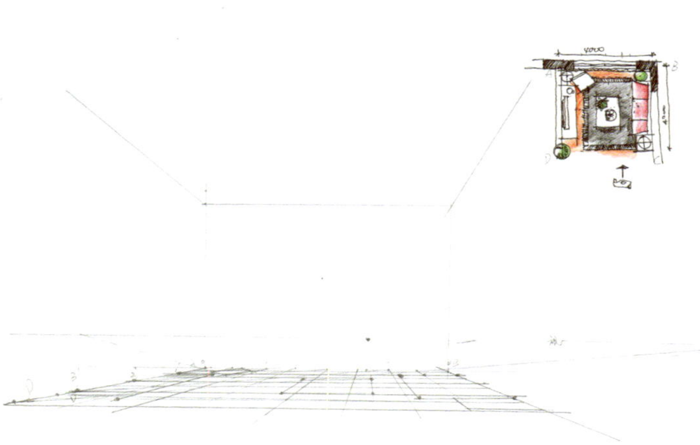

案例步骤三：

从局部组建细化到整体，窗外的建筑物也按客厅透视表现。

丨案例步骤四：

加强阴影，强化黑白灰关系。

此幅图视点低，构图效果稳重，光影强烈。简单的外景让幅面进深感非常好。

十、J案例——简约餐厅步骤详解

J案例步骤一：

用铅笔把视平线画出来 并且找到消失点。同上也是把外框架勾勒出来，以便更好地把握空间的关系。

J案例步骤二：

把想要表达的物体和空间全部勾画出来，像这种餐厅的吊顶以及餐厅的灯饰都要在最初配饰的时候把基础打牢。

J案例步骤三：

从物体最近的部位把物体画精细，并且将不同的造型画出来。最好能够徒手表现出来。在铅笔稿的基础上加入细节。

J案例步骤四：

后面的窗户都要画出来也是为了衬托前面的主体物，这样画面才能够有前后关系，空间关系才能够更加鲜明。

J案例步骤五：

很多细节都慢慢细化，很多设计元素都能够表现得淋漓尽致。

J 案例步骤六：

最后调节画面，把重色加上去（主要的投影），像前面的物体的细节，包括最前面的凳子的花纹都可以刻画出来。

整个空间用轻松而潇洒的线条来表示，这样更能让设计师的灵感随意发挥，开放式厨房的设计中用了简单的材料却表现了不同的风味。

十一、K案例——服装店立面透视步骤详解

K 案例步骤一：

此图视点很低，主要表现服装店入口效果，按透视方向拉出空间体块。

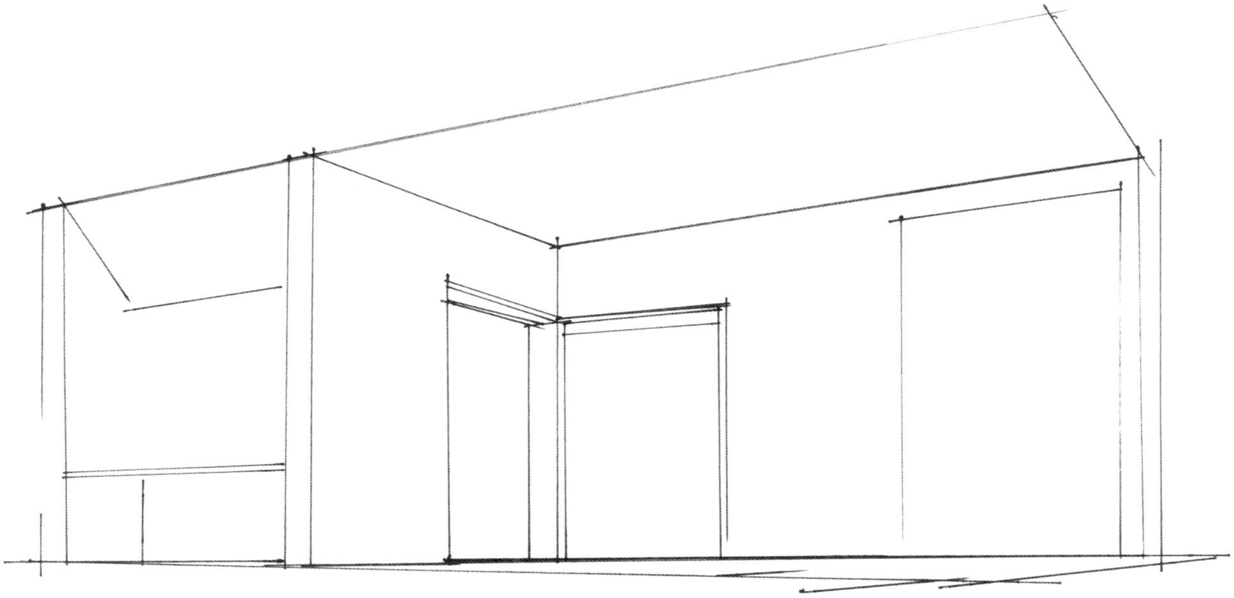

K 案例步骤二：

在店面墙体的空间体块内，确定各家具装饰品摆放位置，并按家具尺寸拉起高度，形成家具空间透视体块。

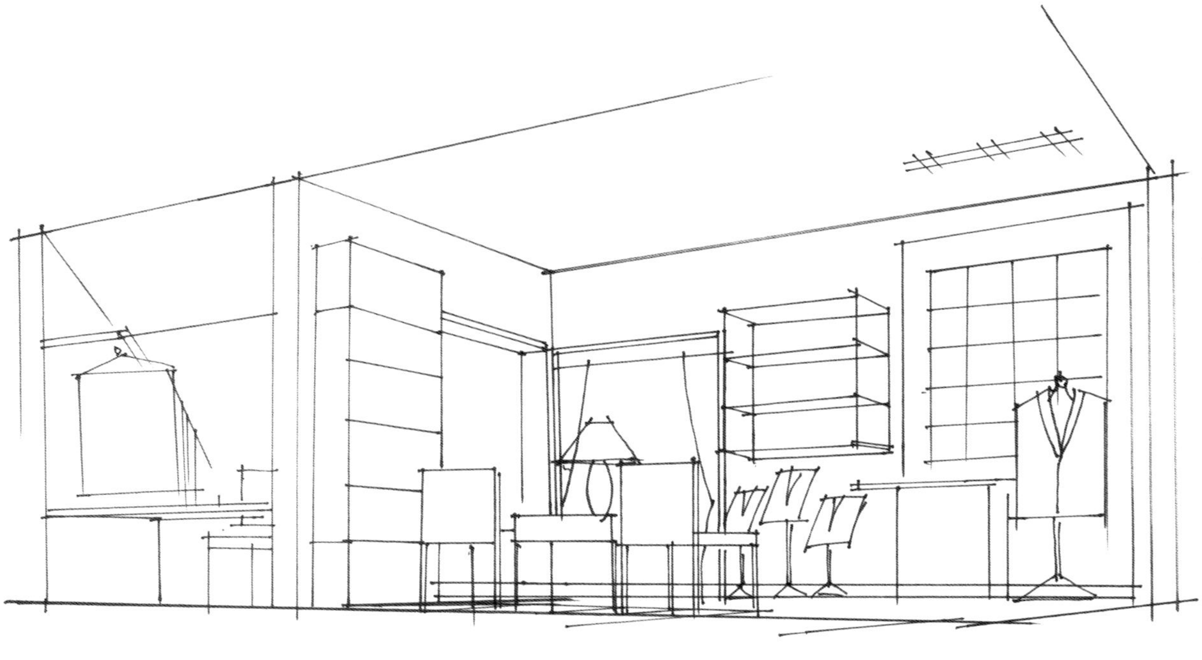

K 案例步骤三：

细化家具和装饰品、缝纫机，还要采用先体块后切割细化的步骤，这里的模特是仰视的，肩不再看到，衣领也上移。

整副图内容丰富，细节处刻画很精细。

第二节

两点透视客厅步骤图

两点透视注意事项

两点透视也叫“成角透视”，顾名思义，两点透视有两个消失点，其优点是透视图面效果比较自由、活泼，能真实地反映空间，能表达局部细节材质，其缺点就是角度选择不好，容易变形，也是学习的难点，两点透视主要表达局部效果，如单个电视背景墙或沙发，表达整体空间的直观性较弱。。

一、A案例——客厅空间透视步骤详解

A 案例步骤一：

找出两个消失点，确定地面位置关系。

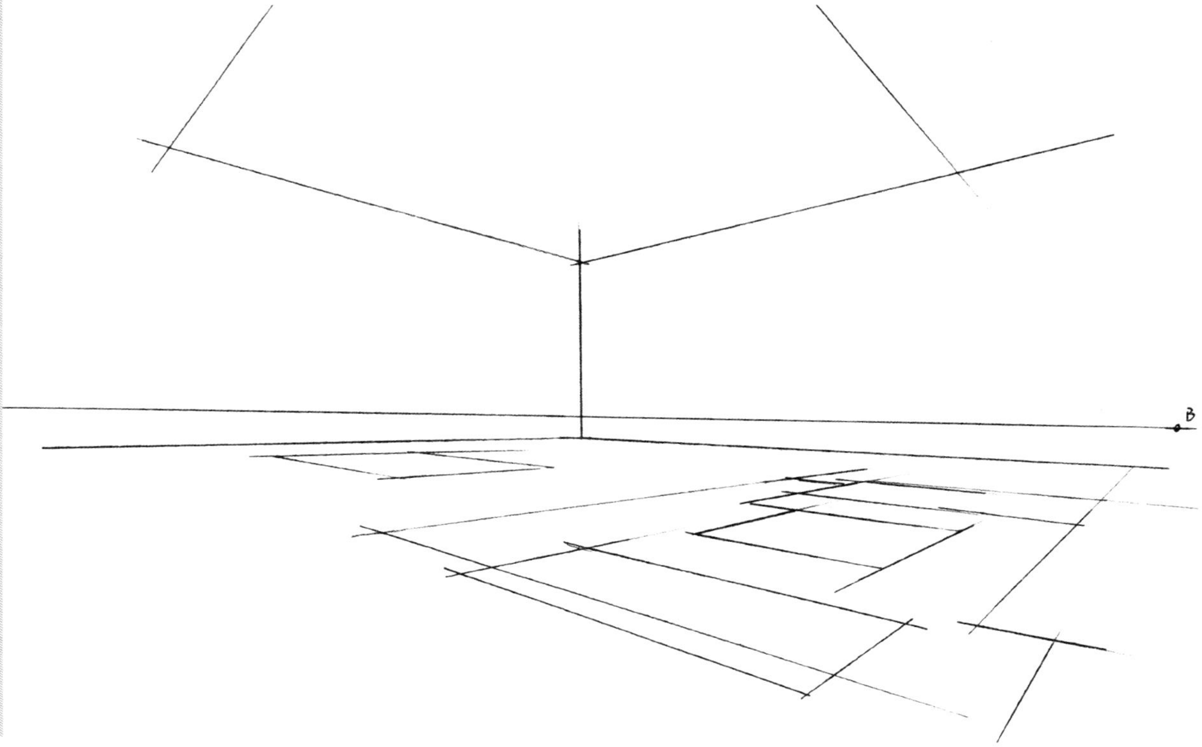

A 案例步骤二：

根据人机工程，把握好各个家具之间的比例关系。

A 案例步骤三：

逐步细化，加强视觉中心点的对比关系，画出勾边植物完善构图。

A 案例步骤四：

最后精确刻画细节，完成绘图稿。

一般来说，两点透视适合表达局部。不像一点透视可以表达前面、上下、左右五个面。两点透视可以表达最重要最吸引人眼球的地方。

二、B案例——两点透视卧室表达详解

同样画出视平线，以及根据纸面的大小画出适合纸面大小的框架。

B 案例步骤一：

定出两个合适的消失点，把床和地毯的平面位置勾勒出来，以及底面和天花透视。

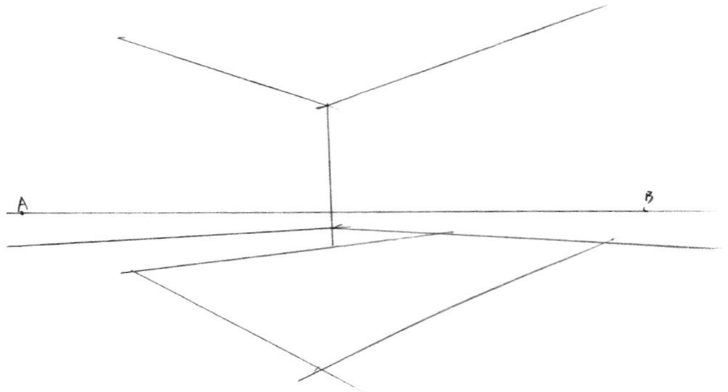

B 案例步骤二：

把底面透视分割细化，前面设计大体区分。

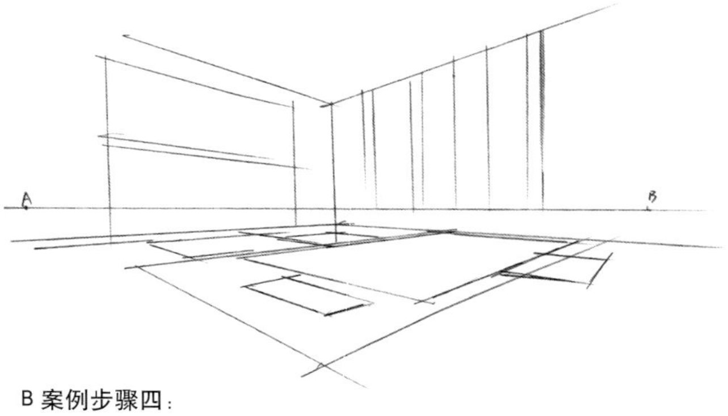

B 案例步骤三：

把握好各个物体之间的比例和高度关系。

B 案例步骤四：

细化材质，完成。

三、C案例——主题餐厅线稿步骤详解

C 案例步骤一：

主题餐厅的表现，先要选好构图，要表现右边，我们选用两点透视，左消失点近，右消失点很远，然后按照透视方向画出地砖和空间透视体块，台阶也遵循透视方向。

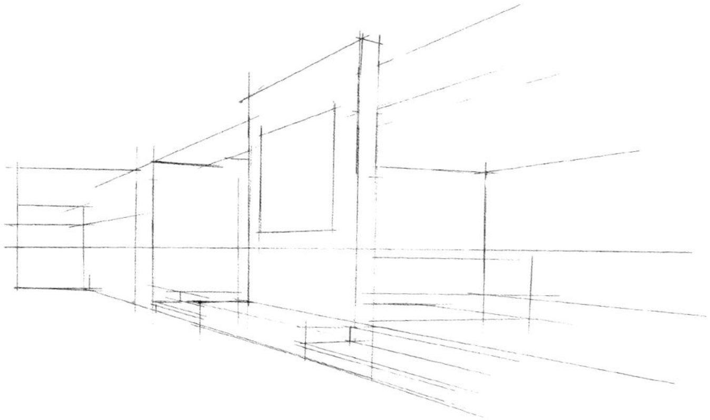

C 案例步骤二：

细化家具和装饰的造型。

C 案例步骤三：

整理出结构和形体。

C 案例步骤四：

整理主题餐厅的背景墙造型。

C 案例步骤五：

给出光影，强化黑白灰关系。

四、D案例——局部入手的画法

两点透视的画法，同时也是把两个透视点找到，两个点都是在视平线上面。

另外一种画法，就是从局部画起，这种方法是比较熟练掌握两点透视以后，并且对空间透视比例关系掌握的很熟悉后才能够完成，从自己最喜欢的也是自己最拿手的地方局部画起，这样的画法弊端是很容易把比例画失调，透视很难把握，所以必须做到心中有数，并且心中有透视关系和透视点。先从前面的物体画起。

优点：能够把物体刻画很细致，一般在设计投标和方案时候用到。

缺点：很难控制空间关系。

第二步等前面的物体画完后依次往后推，画后面的墙体。

最后要协调画面，收边和吊顶补充完整。

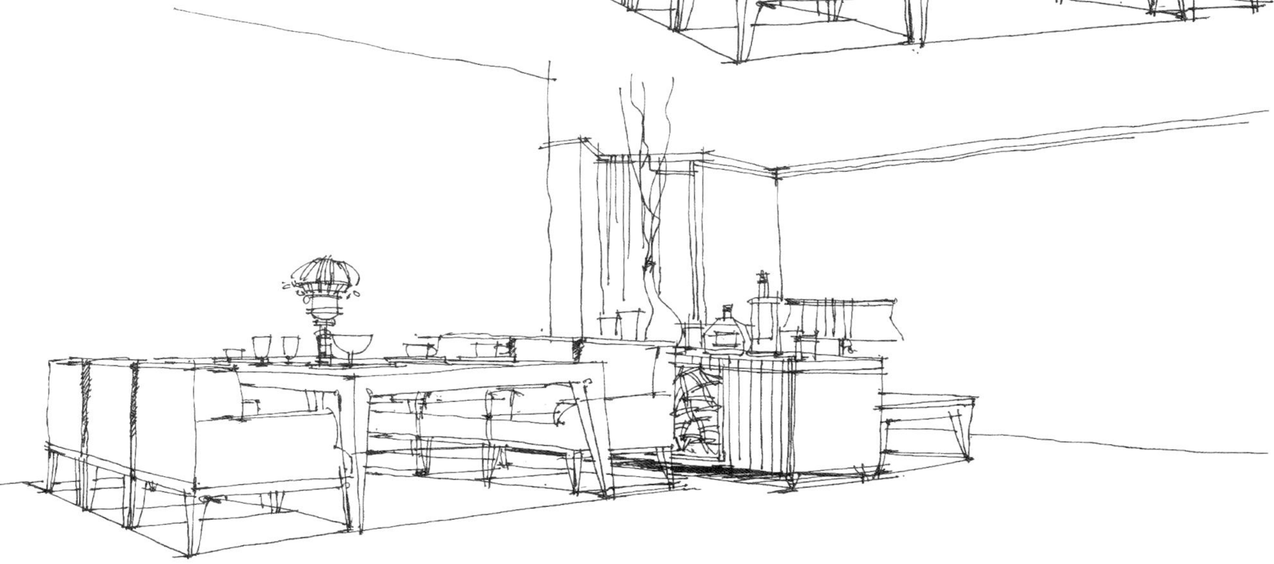

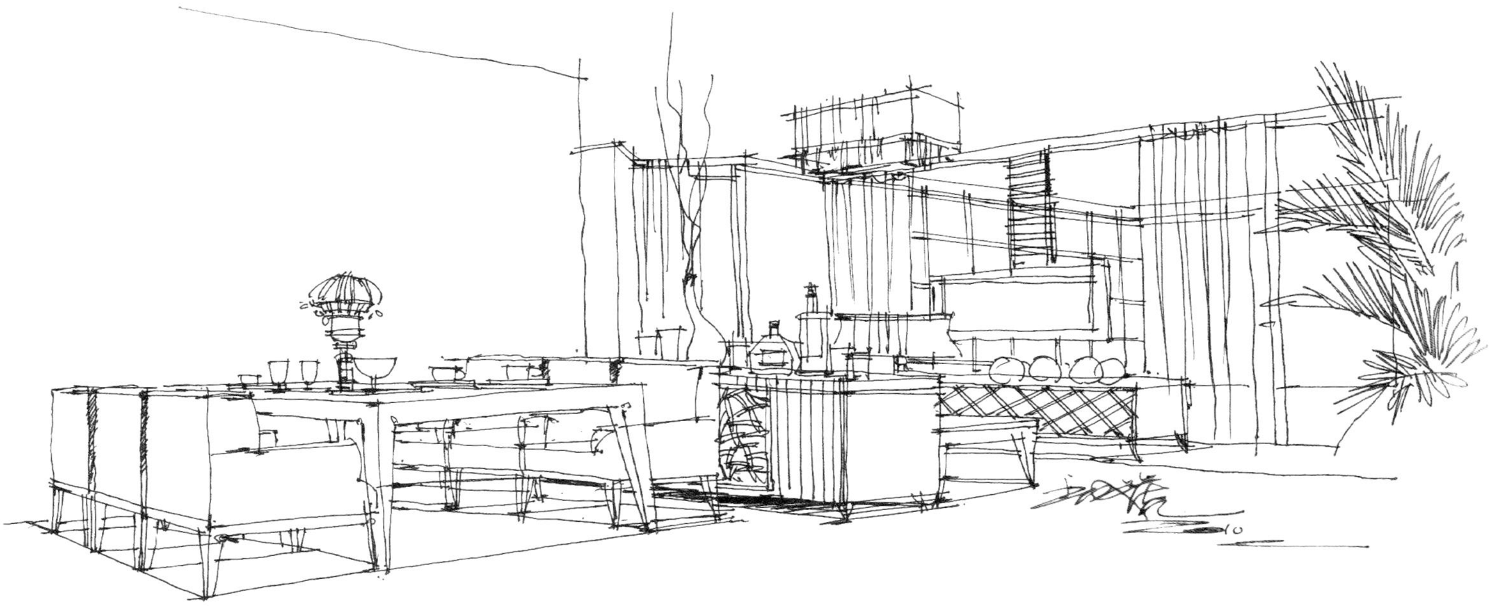

第三节

特殊视点的透视表达方法

用圆的透视方式表现空间关系，也需要考虑很多的透视关系，圆的透视也非常难把握，就像工业设计一样，产品是直角的比较好做，但一旦碰到圆的结构就比较难处理。

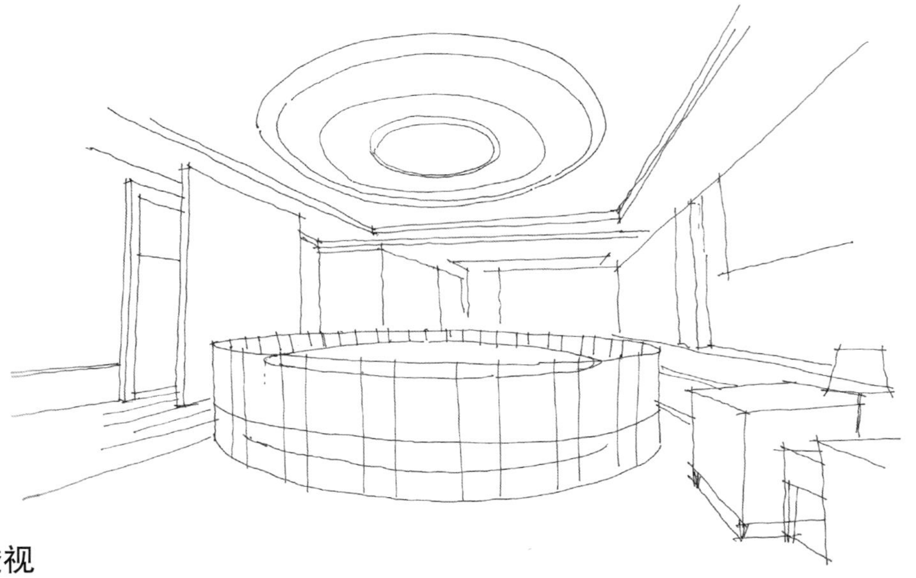

一、A案例——圆形包间步骤透视

A 案例步骤一：

这是一个豪华的一个酒店包房。整体都是用圆来处理，那么开始画的时候一定要考虑到整个的空间关系，不要考虑太多细节，从整体入手、先把所有要表达的大型空间勾勒出来。

A 案例步骤二：

在整体型状勾勒完成后，往下就比较好画，在上一步骤基础上，只是把一些局部造型加上去就可以了，并所有要表达的设计画完整。

A 案例步骤三：

最后就是整体调整，整个画面效果重要的就是地面要画丰富，这样才能够衬托出物体的效果。这张图有意识地把地面刻画的很细致 以及地毯的造型都刻画得淋漓尽致。

二、B案例——不规则圆形别墅空间步骤

不规则形状透视的画法也是很多人不能够正确把握的，因为不像规则形状的透视那样都是直线，按照消失点画就能画正确，但其原理都大同小异，把每个物体透视方向把握好就可以了。

B 案例步骤一：

类似这种不规则的空间，我们可以分解简单的透视关系，沙发和窗户我们以圆弧的透视方法来定型，地面则以一点透视来定，这样形成不规则透视空间，有一点是要需要明确，不论一个复杂空间有多少种透视，所有的消失点都在一个视平线上。

B 案例步骤二：

在草稿的基础上，细化家具形体，可以从前往后推进。

B 案例步骤三：

细化吊灯和窗帘，窗帘用笔从上往下画，上实下虚，不与沙发接触、断开，可以分开前后空间关系，同时能表现窗帘的软材质。

B 案例步骤四：

注意两侧的收边植物和灯具，集中笔墨刻画壁炉和背景墙，细化结构和背景墙木格的厚度。

B 案例步骤五：

地板按一点透视表现，地毯花纹的透视比较难，很容易让地毯"翘"起来，所以我们画的时候尽力把花纹画成横方向扁平状，并让花纹近大远小，近实远虚，客厅后面的餐厅空间，可以简单表现与主客厅形成虚实对比。

三、C案例——特殊视点之鸟瞰图画法详解

室内手法效果图中最有说服力的表达方式之一是鸟瞰图，因为鸟瞰图能够把整个空间表现得淋漓尽致，能够让客户一目了然。但是鸟瞰图也是最难表现的，在绘世界教学过程中，把鸟瞰图技法作为重点，要求学员，其他透视图没有掌握太好没有关系，但鸟瞰图学习一定要掌握好。

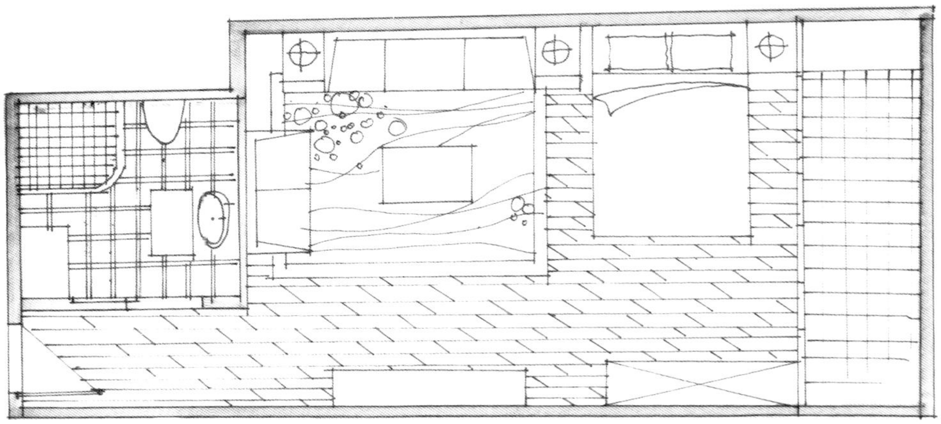

C案例步骤一：

把室内空间的平面图分析清楚，然后在适合的位置随意定一个点，要考虑到后期想要表达的物体来定这个消失点。

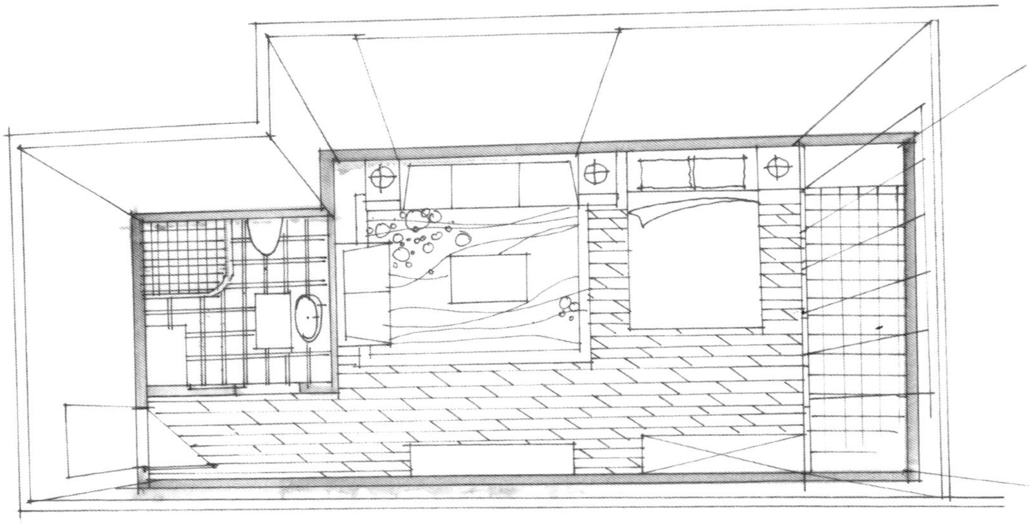

C案例步骤二：

把所有的墙线用铅笔整体向上移动2800mm的一个尺寸，也就是整体外墙的框架要画出来，而且所有的线的消失点都要消失到原来定的那个消失点方向。

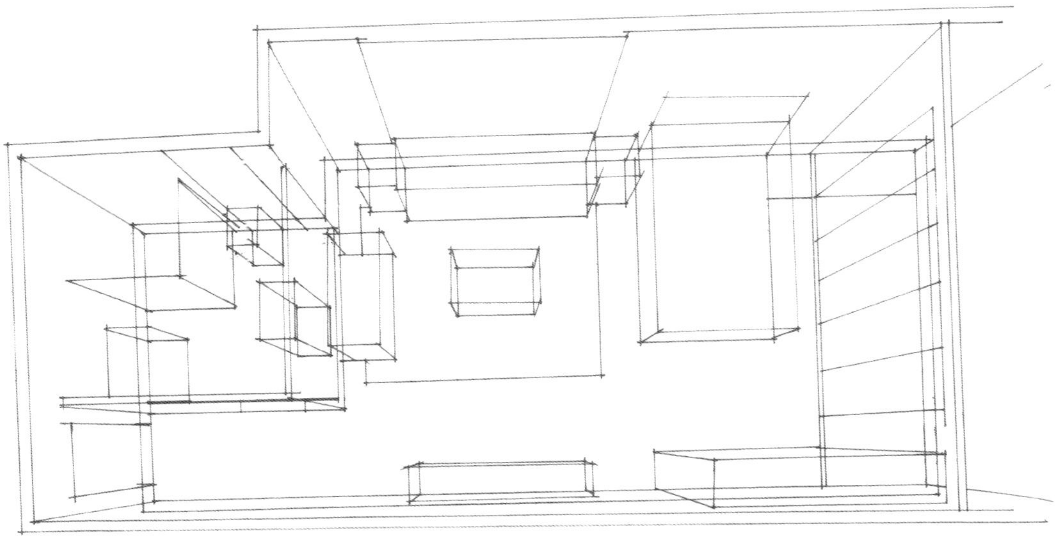

C案例步骤三：

把一些主要的物体的交点线也像外墙一样全部向上移动。移动的单位根据每个家具尺寸来定，这个尺寸的尺度一个要靠整体的互相关系来对比定，一个要靠自己的绘画感觉意识去定，这就需要在前期的一些练习到位才能够把这样的空间画好。

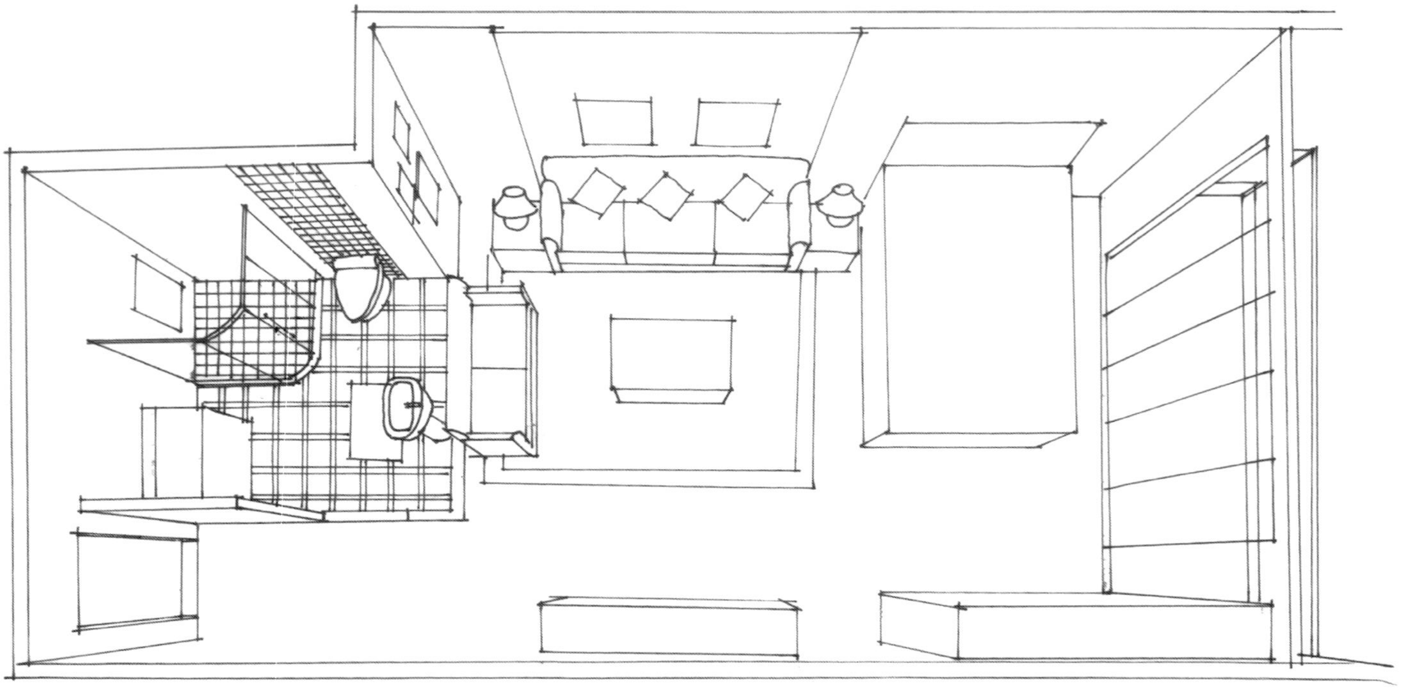

C 案例步骤四：

物体立体后要把近景以及想要表达的内容画精细，以便画面整体效果更加强烈。把一些主要的线加重，才能够显示得更加有力度和更有挺拔感。

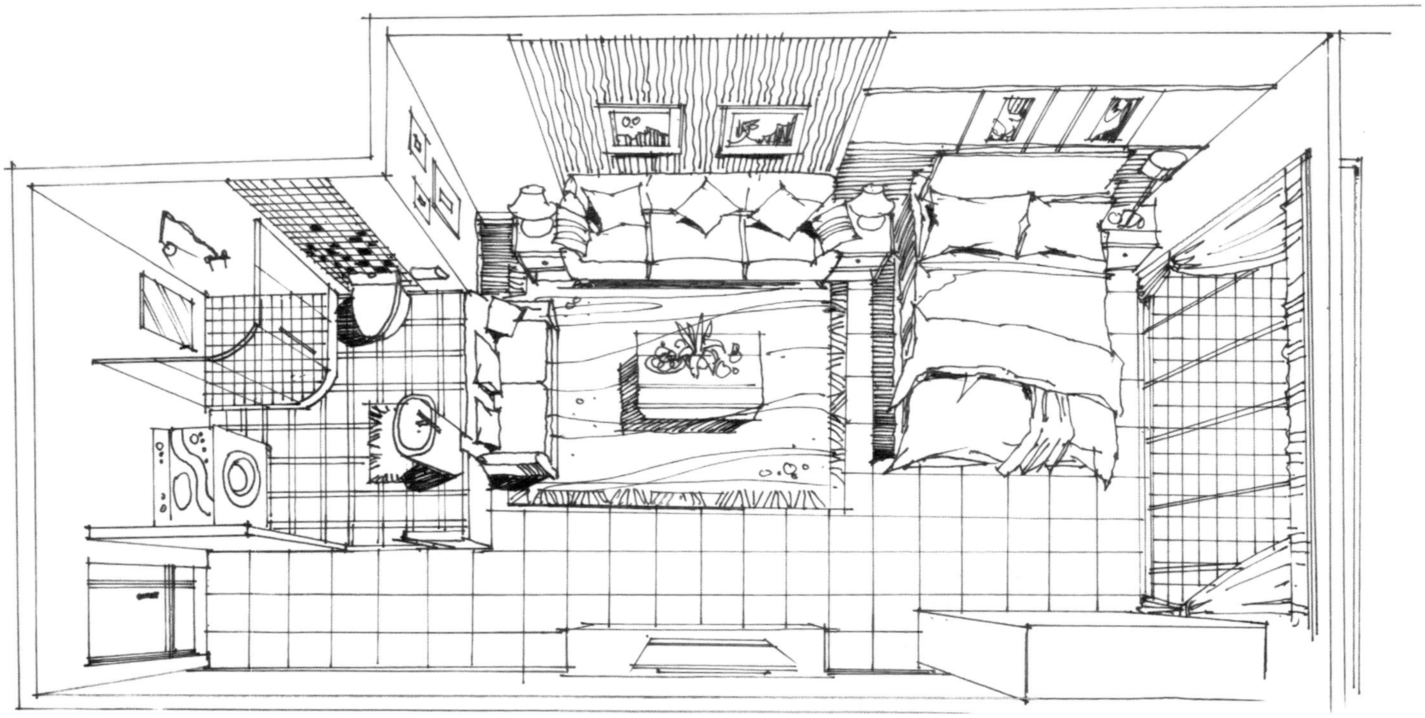

C 案例步骤五：

这一步其实也是最关键的一步也是调节画面的一个步骤，要把每个物体的投影加重，暗部和反光点要画到位，这样才能够使整个画面更加协调和有更多的精彩之处。不光是一个鸟瞰，要把这张图想要表达的东西全部表达出来，将自己想要设计的一些立面和整体感觉完全传达出来。

四、D案例——服装店鸟瞰图

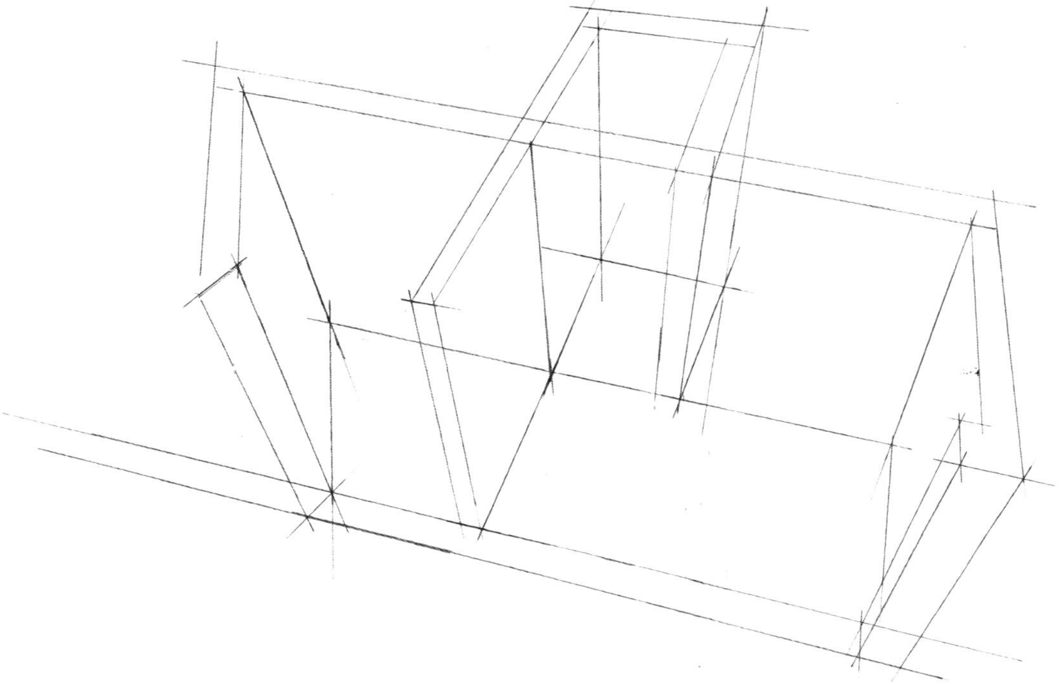

D 案例步骤一：

此服装店位于武汉香格里拉大酒店一楼大堂，客户专给成功商户人士量身定做出席商务活动的西装，入口要求有公司的形象墙和一台古董缝纫机。细节上表现起来就比较困难。不论多难，我们都可以把复杂问题简单化，再把简单问题细致化，首先还是按透视拉出空间体块。此图为三点透视，主要是想让图带给客户更多更全的空间场景，临大堂过道的墙我们刻意不表现，能更好全景展示店内的装修。

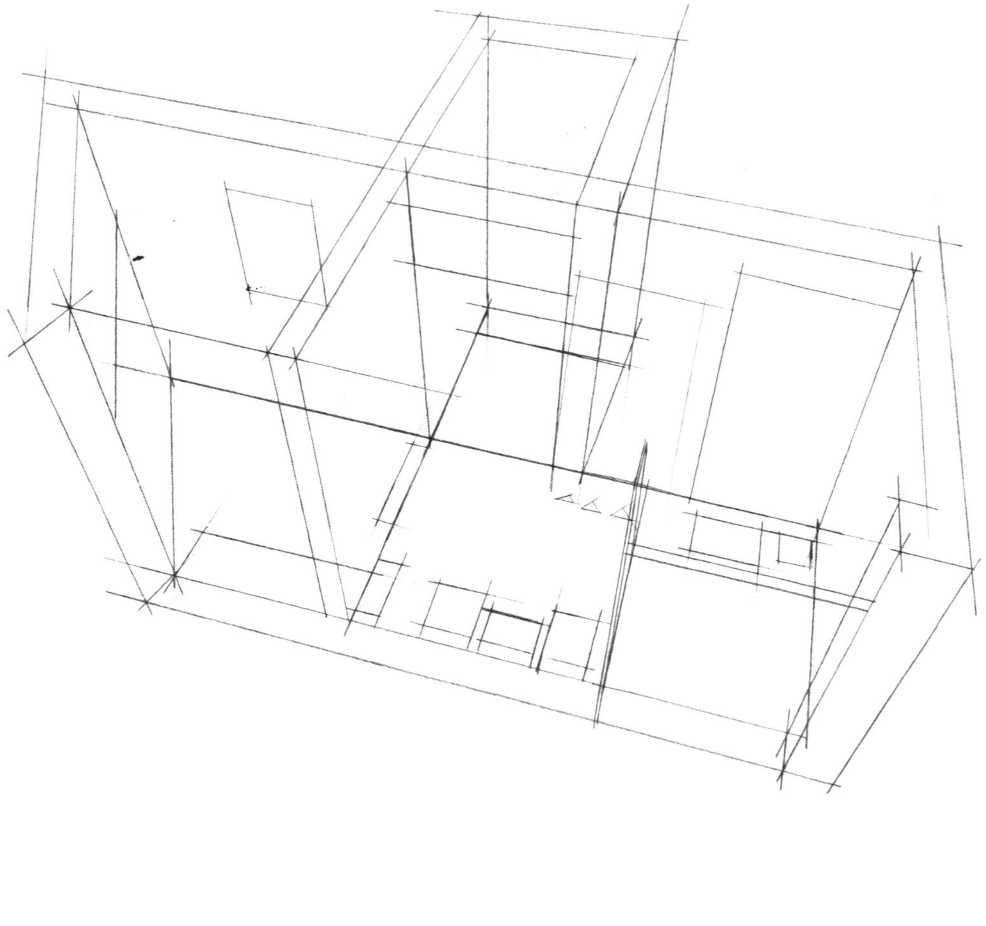

D 案例步骤二：

在店面墙体的空间体块内，确定各家具装饰品摆放的位置。

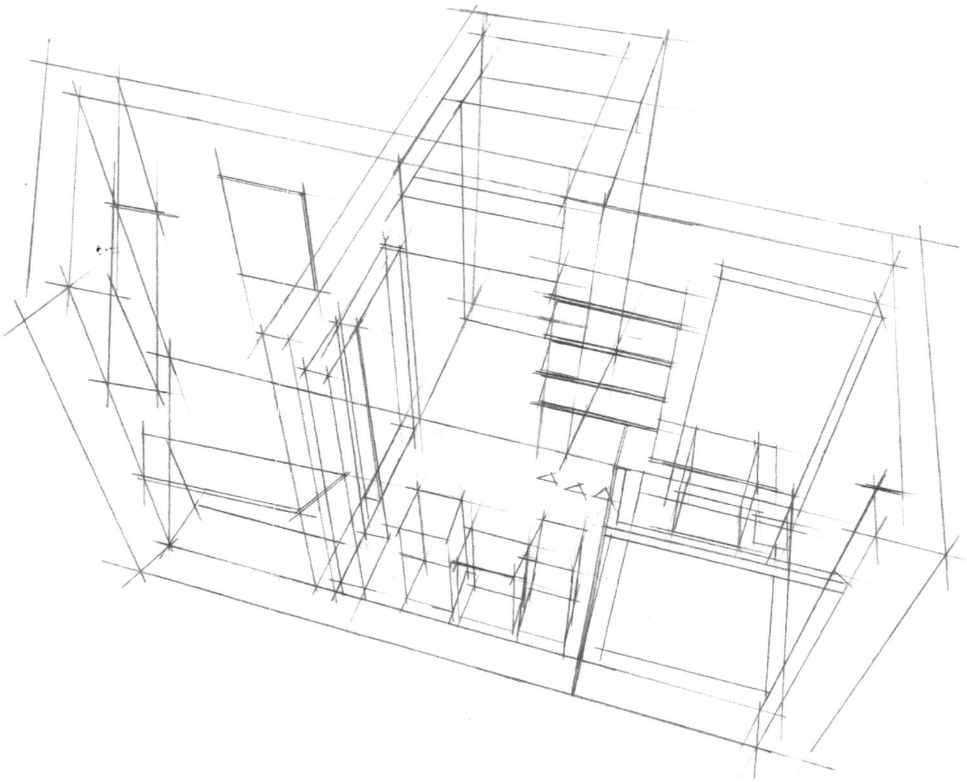

D 案例步骤三：

按家具尺寸拉起高度，形成家具空间透视体块。

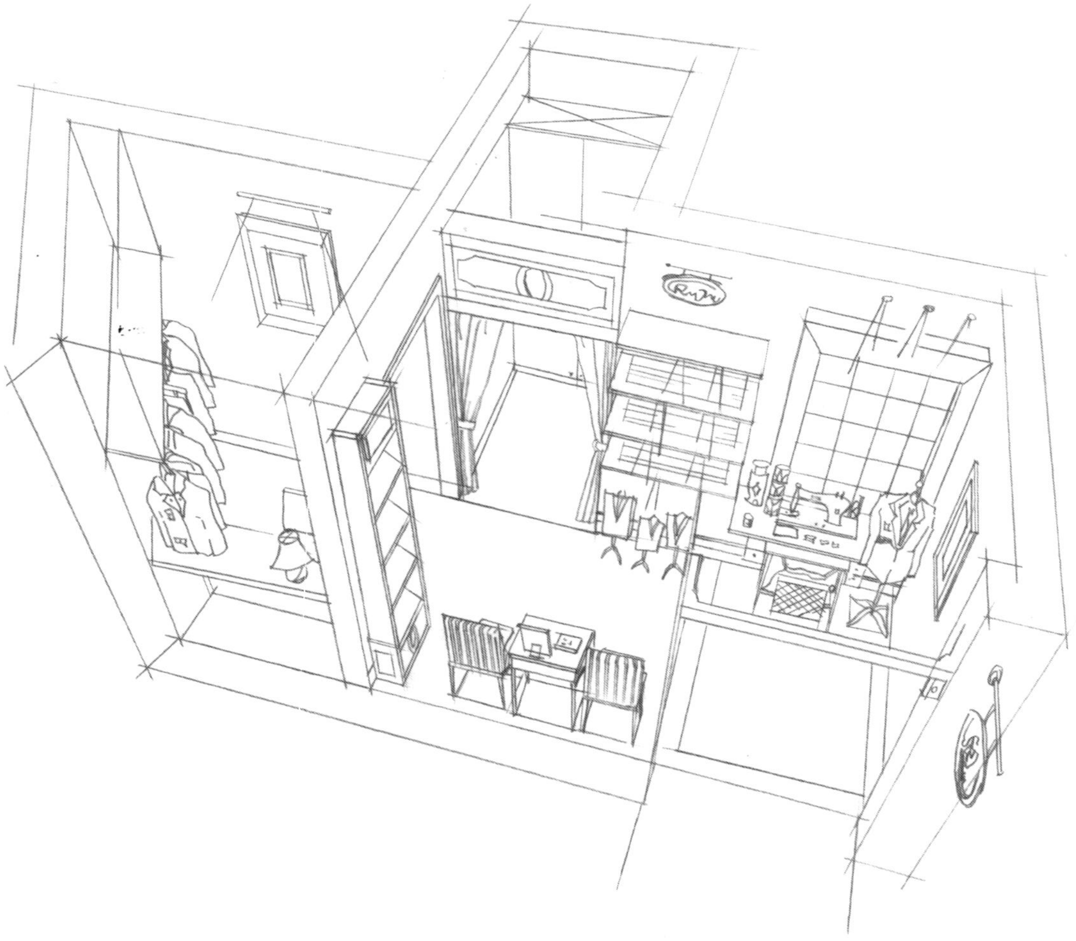

D 案例步骤四：

细化家具和装饰品，缝纫机也采用先体块后切割细化的步骤，在这里特别要注意的是模特，因为此图为鸟瞰图，所以模特的肩是要表现出来的。

D案例步骤五：

细化材质和logo，给出光影，强化黑白灰关系。

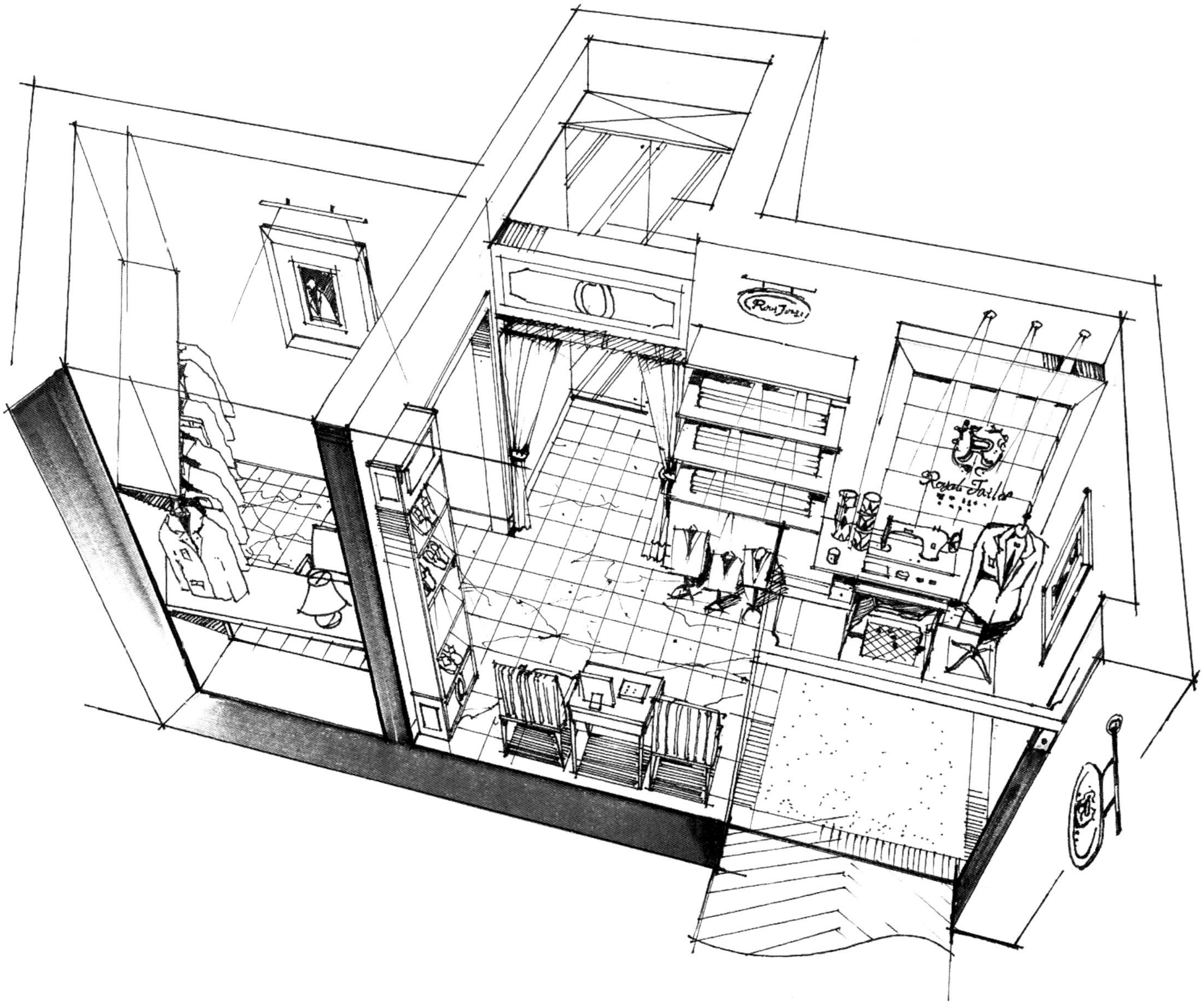

整个鸟瞰图表现得比较丰富，每一个细节都比较精细，这样拿给客户才能够得到认可。

第四章

马克笔技法

第一节

马克笔运用技巧

1、马克笔技法及运用技巧

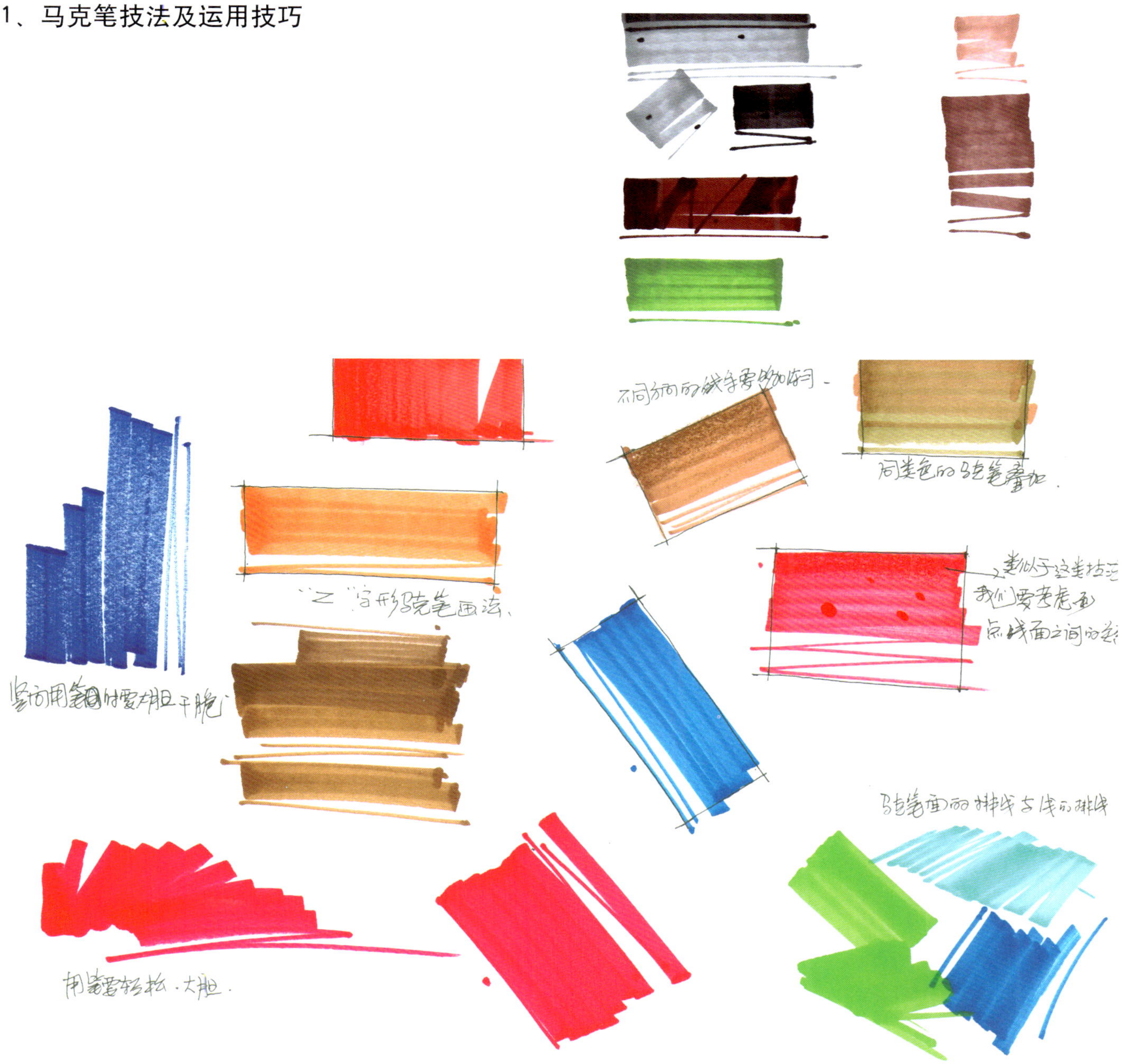

木雕画法：

(1) 用浅木色平涂，然后用同色系马克笔按照纹理方向叠加；

(2) 待干后，用暖色深色马克笔画出暗部，注意主次关系，靠近电视机地方可加重，突出前后关系。

木纹材质的表现：用钢笔画出木质纹理，颜色则可进行渐变。

大理石画法：

(1) 先用红色和黄色画出环境色；

(2) 然后在上次颜色未干的情况下，采用湿画法，画上灰色与黑色；

(3) 待画面干后，用白色高光笔画出高光。

预留光照轮廓，用木质背景墙衬托轮廓。

木纹的刻画主要在线稿，按木质的年轮表现。

用灰色马克笔由浅到深，采用“2”笔触叠加。

刻画投影时，注意物体与影子之间的距离，可拉开酒瓶与墙面的距离。

先用扫笔的方式画出轻重，再用彩铅深入刻画，表达前面的餐布，要使餐布比较突出，可用马克笔加重餐布两端。

转折处留高光

餐桌投到椅子上的影子

竖直的笔触可以表达地面反光

桌子的影子向后退变

前影的餐椅可以刻画丰富的层次

地板的刻画方法：先平铺一遍，待干后，用干画法对中间进行叠加使虚实更加生动。

抱枕的投影要用深红色加强，并从影子处用渐变过渡到沙发的整个靠背。

抱枕刻画用笔是由下到上快速提笔，从下渐变到上，一是为塑造抱枕的体积。二是为衬托出沙发扶手上的毛毯。

留出高光，突出前景。

注意反光：

不宜用马克笔重复叠加，用笔力度要轻要快。

沙发侧面和正面的明暗交界线分清，可以用马克画重复叠加法。

投影采用灰色马克笔，暖灰和冷灰都可，具体可根据周围物体配色作参考。先整体用浅灰色平铺一遍，然后用同色系的深灰色叠加。形成中间实，两头虚，让马克笔层次丰富。

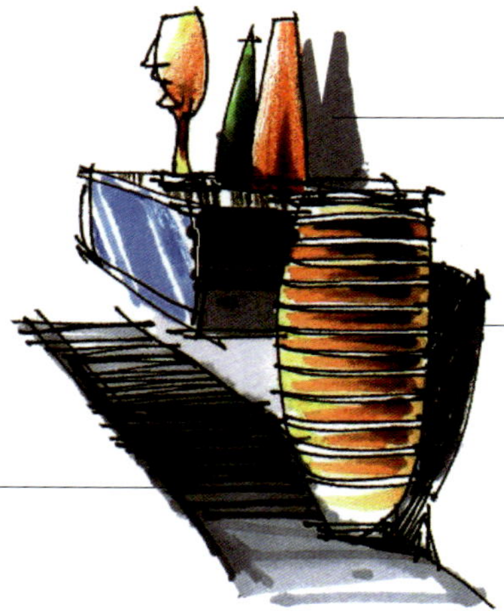

投影刻画时应与物体保持一定距离。

圆钵体表现时，应用马克笔叠加法，加强明暗交界线，自上而下渐变过渡；同时暗部要留有反光。

类似这种层次比较丰富的材质，一般先用深色马克笔刻画暗部，然后用浅色彩色整体刻画亮部。

用干枯的马克笔，来刻画柱子的形体。用马克笔笔尖（或是细头）刻画纹理。

用深灰色刻画影子。影子是个好东西，既可以在画面中形成黑白灰中的“黑”，又可以表现前后空间层次。

刻画桌面光滑的质感。使用马克笔采用竖直自下向下的笔法，宽窄笔触参考周围物体的明暗及大小。

地面过于空旷时，则把地面材质画丰富，用垂直向下的笔触表达地面反光。

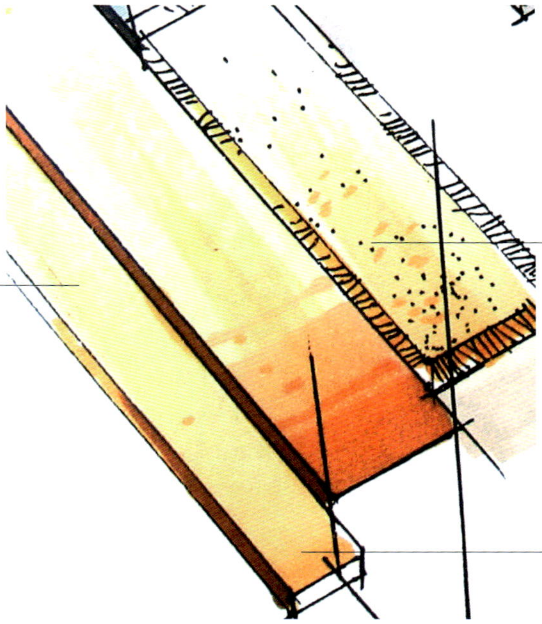

软材质的过渡方式：用笔时，从起点处运笔。把握好力度，由重到轻，然后用些小点柔和画面。

硬材质的过渡方式：可用扫笔的方法，也可用"Z"字形笔触。

该材质用的是扫笔方式。

为了加强明暗对比和丰富层次，可先用木色马克笔平铺一遍，然后再用这支笔从右到左快速扫一次，形成渐变的效果，用彩铅从明暗交界线处开始向左过渡、丰富层次。

抛光材质：使用垂直向下的笔触组织排成，注意好疏密，部分留白。

注意暗部影子。刻画时，要有丰富深浅层次，让画面透气。

丰富层次先用平铺再用叠加法，为衬托灯柱，沙发此出应加强叠加。

桌面采用竖直笔触并留有高光来刻画材质。

地毯的图案是在画好地毯后，用白色细高光笔，按照近大远小的透视规律画出来。

地面光滑材质

(1) 竖直笔触排成，留出亮部；

(2) 结合周围环境，使地面材质更丰富。

餐桌椅刻画时，不要忘了投影，一般采用正上方的光影子的位置。即使家具摆放位置，按地面光滑材质，竖直笔触刻画。

光的画法。先是按光的照射方向，预留光照的轮廓，刻画时尽量从光照开始的地方起，光照轮廓清晰，然后用彩铅轻扫一遍。

影子马克笔刻画注意点

1. 轮廓从开始时最清晰；

2. 尽量用影子投射到的物体的同类色的深色（例如：影子投射到木质上，可用深一点的木色，影子投射到草地上，可以用深绿色）。

深色背景衬托光源。

影子轮廓线尽量清晰用以表达束光。

光自灯的位置开始，逐渐模糊。

第二节

马克笔效果图表现

一、A案例——服装店马克笔上色详解

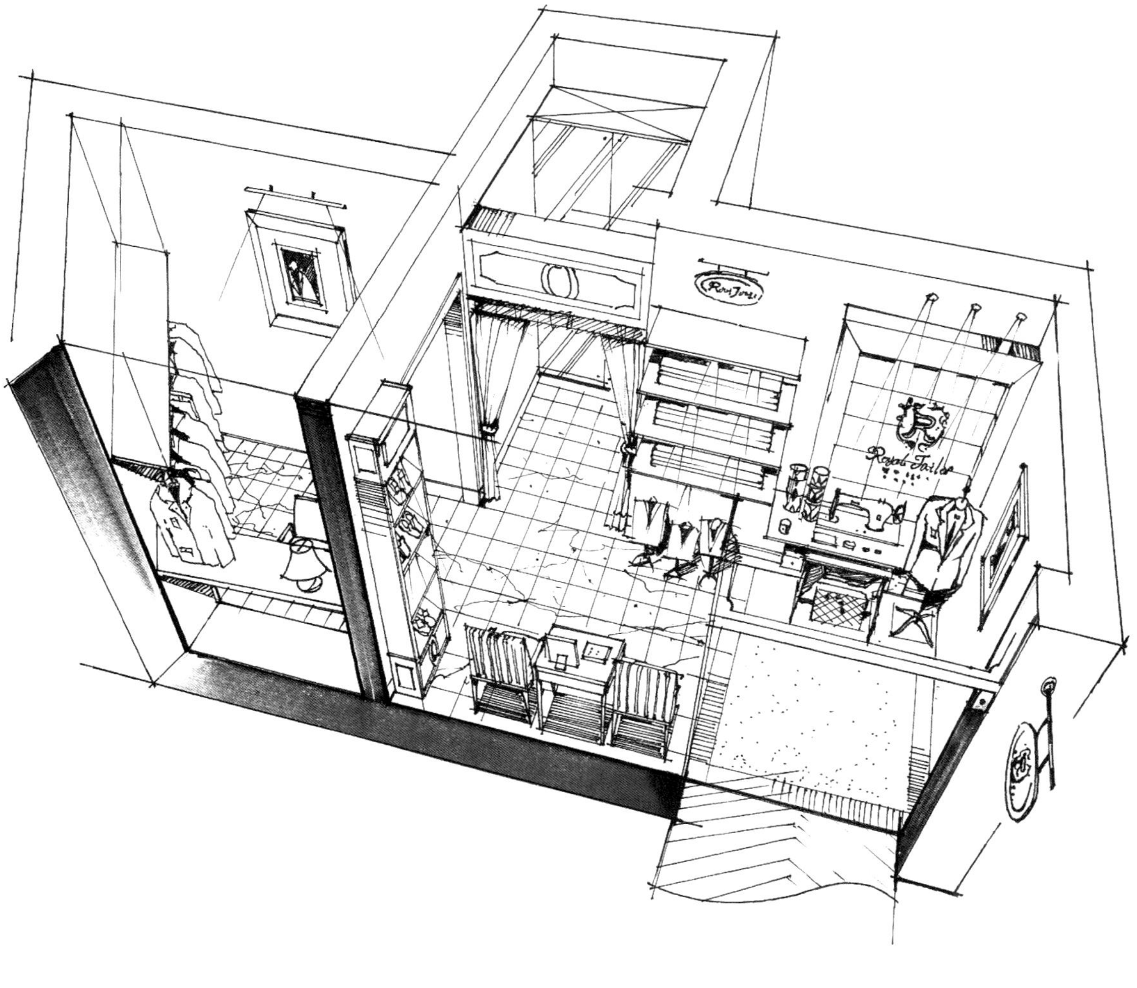

分析：

先分析整个空间图的主要地方和次要部分，主要表现灯光和一些能够代表空间形象的物体，尽量把主要表现放在每个单体上，要做到心中有数。

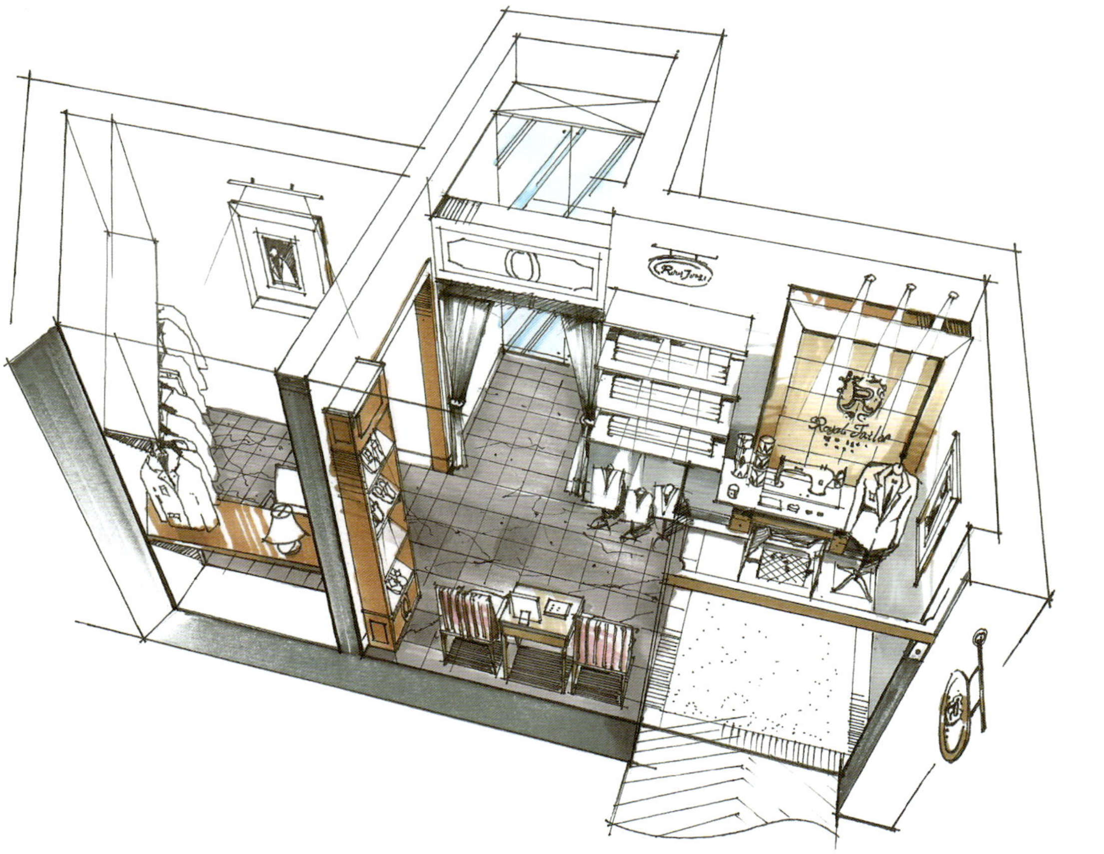

A案例步骤一：

我们尽量用物体的固有色，形象墙留出光照射的位置，靠近缝纫机和模特后面的形象墙处，上色时可以用马克笔多画几次，加深对比，能更好衬托出缝纫机和模特。

A案例步骤二：

深入细节刻画，形象墙每个方格子要上浅下重，形成体积，缝纫机留出高光，模特肩膀受光可以留白。

A案例步骤三：

整体强化黑白灰关系。

二、B案例——服装店入口马克笔上色详解

B案例步骤一：

这张图是第二次合作，在线稿上，表现了很多陈设，使场景能够打动人，原户型是墙体，拆了做成玻璃橱窗，玻璃的表现方法就是通过玻璃把看到的物体表现出来，上色时再处理下就可以了。

B案例步骤二：

石材刻画可以用彩铅，方便刻画石材的纹理，窗帘的用笔是从上向下，让窗帘中间浅，这样中间就会鼓起来，有体积感，另外要注意的是，此店门处于转角处，转角的三个面受光不一样，明暗层次要区分开来。

B案例步骤三：

再可以刻画室内空间，形象墙可以先用浅木头色平铺一层，再在光没有照射到的地方加重层次，留出光照射的位置，其他家具尽量用固有色。

B案例步骤四：

细致刻画，强化黑白灰关系。

三、C案例——和室风格马克笔步骤详解

C案例步骤一：

日式风格，我们采用木色为主，按一点透视的灭点方向运笔，注意笔触收尾。

C案例步骤二：

在整个暖色调里面适当加冷色调可以与之形成对比，床在使用蓝色形成对比时，也尽量使用灰蓝色，不宜用纯度过高的蓝色，墙体采用暖灰色。

C案例步骤三：

按固有色画出家具的颜色，弄清受光面和背光面，两侧墙体笔法采用朝灭点方向运笔。

C案例步骤四：

深入刻画，室外景色也可以简单着色，这样室内外层次丰富。

C案例步骤五：

加强厚度、明暗对比，深入细致，调整画面。

此幅作品马克笔注重笔触感，是一种很快速，很豪放的用笔。

四、D案例——单身公寓鸟瞰图马克笔详解

D案例步骤一：

先把整体的色块分清楚，如果自己没有太大把握，可以试试用彩铅淡淡地去把每个物体的颜色找准后，再用马克笔。

D案例步骤二：

可以在步骤一的基础上，把自己感兴趣的或者主体物大胆地用马克笔表现出来它们的明暗关系。

D案例步骤三：

主要是要把主体物周围的颜色搭配好，这个搭配关系还是要有美术基础和色彩原理。

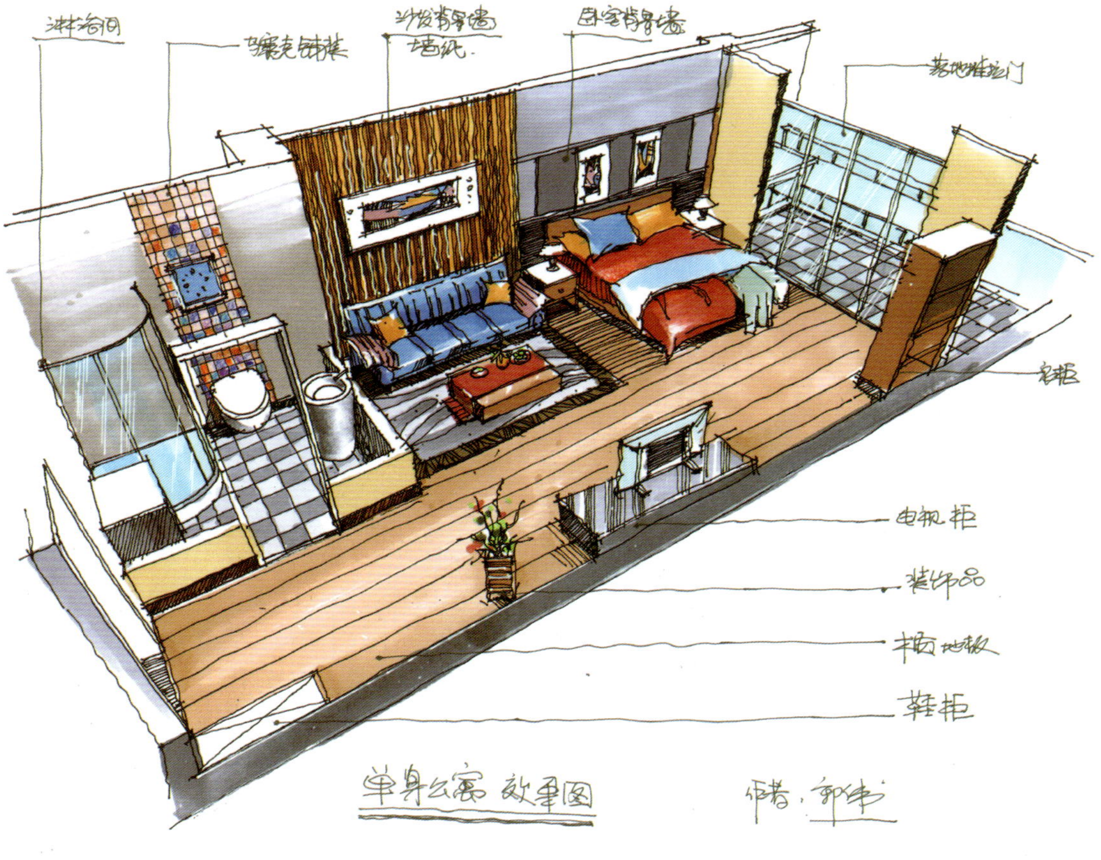

D案例步骤四：

就是整体刻画一些细节部分，把一些背景墙去刻画一些，比如说后面的马赛克，和一些装饰画，一些植物等等。

五、E案例——欧式客厅马克笔步骤详解

E案例步骤一：

上色最难的一关是配色，当还不知道整体的色彩搭配，又怕画错无法修改，可以先用彩铅轻轻地简单着色，在心中有一个大致的色彩搭配关系。

E案例步骤二：

快速表现时用色可以大胆些，注意地毯的虚实变化。

E案例步骤三：

远处墙纸的刻画先整体着色，注意虚实变化，近处的物体加强对比关系。

E案例步骤四：

快速表现出大体的色调，最后可以集中笔墨刻画重点细节。

六、F案例——中式客厅马克笔步骤详解

F案例步骤一：

中式室内设计主要以木头暖色为主，考虑到冷暖对比，采用蓝色地毯，但是用的蓝色明度要低些，尽量用灰蓝色，家具等以固有色为主，分清受光背光面。

F案例步骤二：

从前向后，逐一刻画。

F案例步骤三：

整体木色调，从前向后，虚实变化，等马克笔颜色干后，用白色高光笔按透视方向刻画出地毯和灯罩花纹。

整个空间传统中透着现代，现代中揉着古典。

七、G案例——咖啡厅手绘设计表现步骤详解

G案例步骤一：

在草稿的基础上，细化整个场景细节。

G案例步骤二：

用黑色马克笔加重阴影，加强明暗关系对比。

G案例步骤三：

用马克笔配好色，平铺一层色调，深入刻画，注意室内灯光的照射和沙发的投影。

G案例步骤四：

调整细节，暖色调咖啡厅在灯光的照射下，氛围很美。

八、H案例——西餐厅效果表现步骤详解

H案例步骤一：

快速西餐厅表现，用笔要大胆，大块面上色，大空间的处理时，一般采用地面"重"顶面"轻"，有一种稳定感。

H案例步骤二：

前景是重点，层次丰富，明暗对比强烈，远景对比弱化。

H案例步骤三：

快速表现出大体的色调，集中笔墨刻画重点细节，快速表现注重的是整体的效果。

九、案例——西餐厅效果表现步骤详解

案例步骤一：

先可以按物体固有色，简单平铺，以方便把握整体色彩。

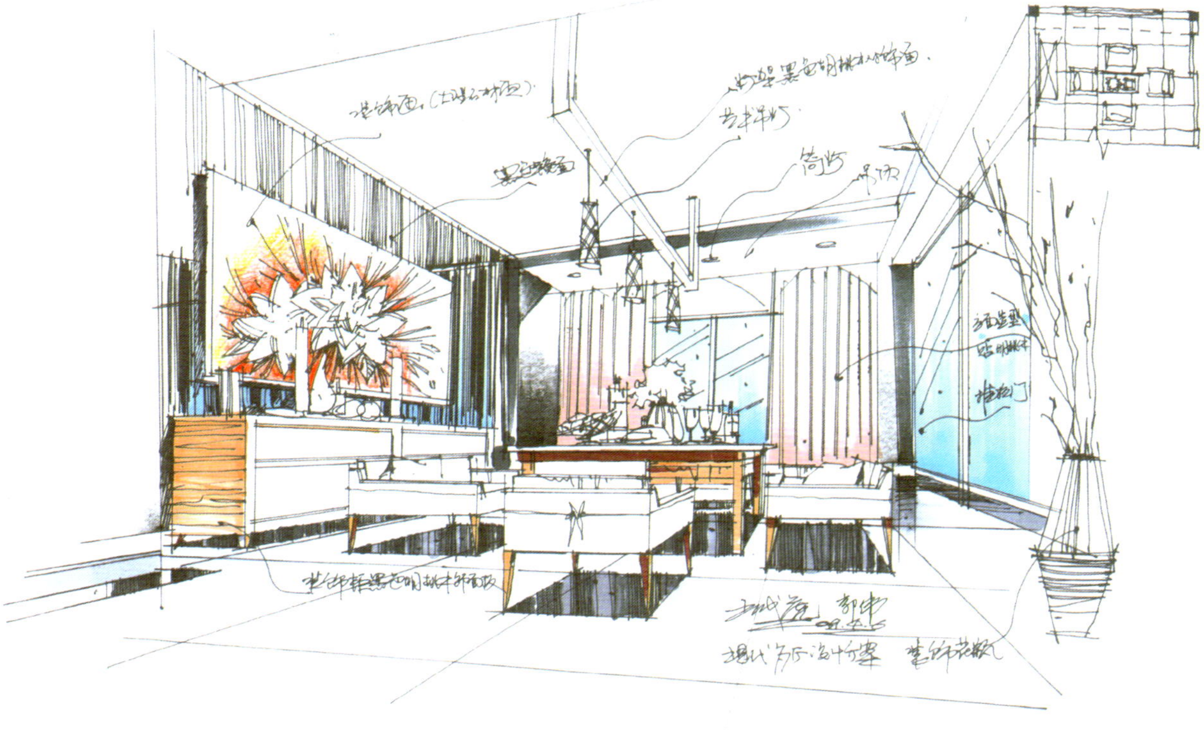

案例步骤二：

先可以按物体固有色，简单平铺，以方便把握整体色彩。

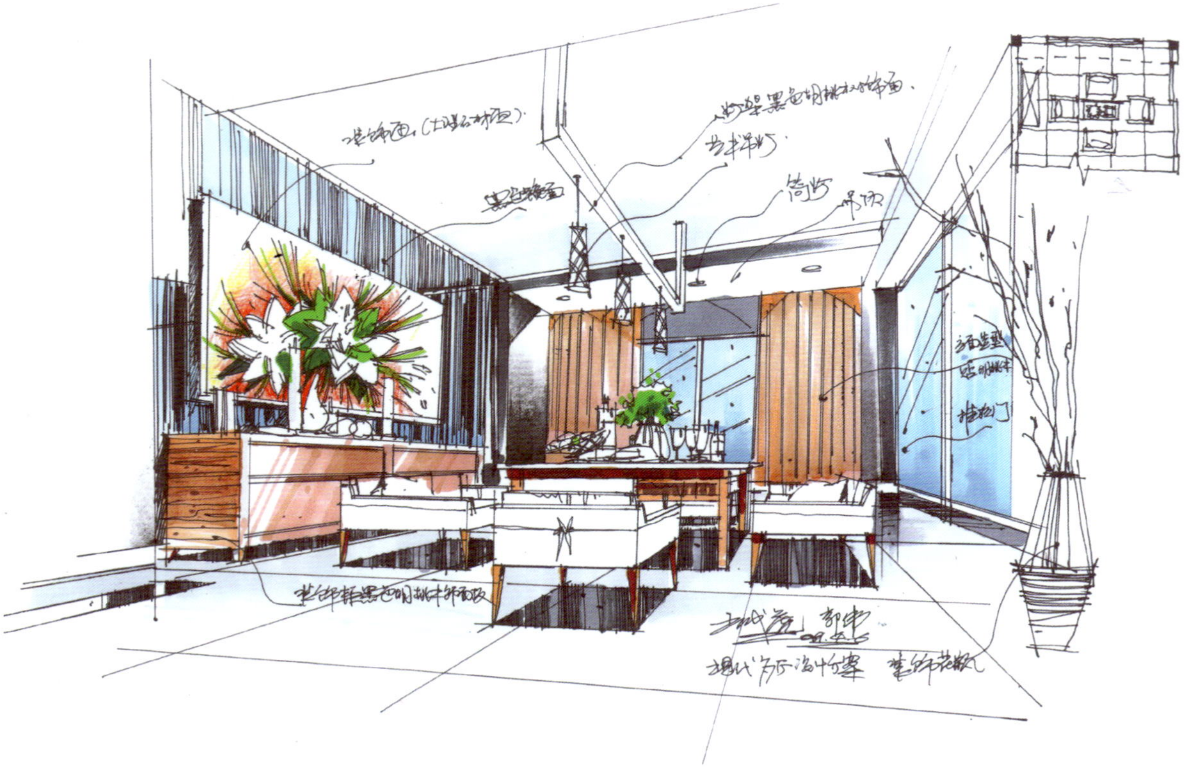

案例步骤三：

花朵背景可以从花朵处向周围渐变，室内的光照效果可以烘托室内氛围，在画的时候留出光照射的位置，加强家具受光和背光面的对比。

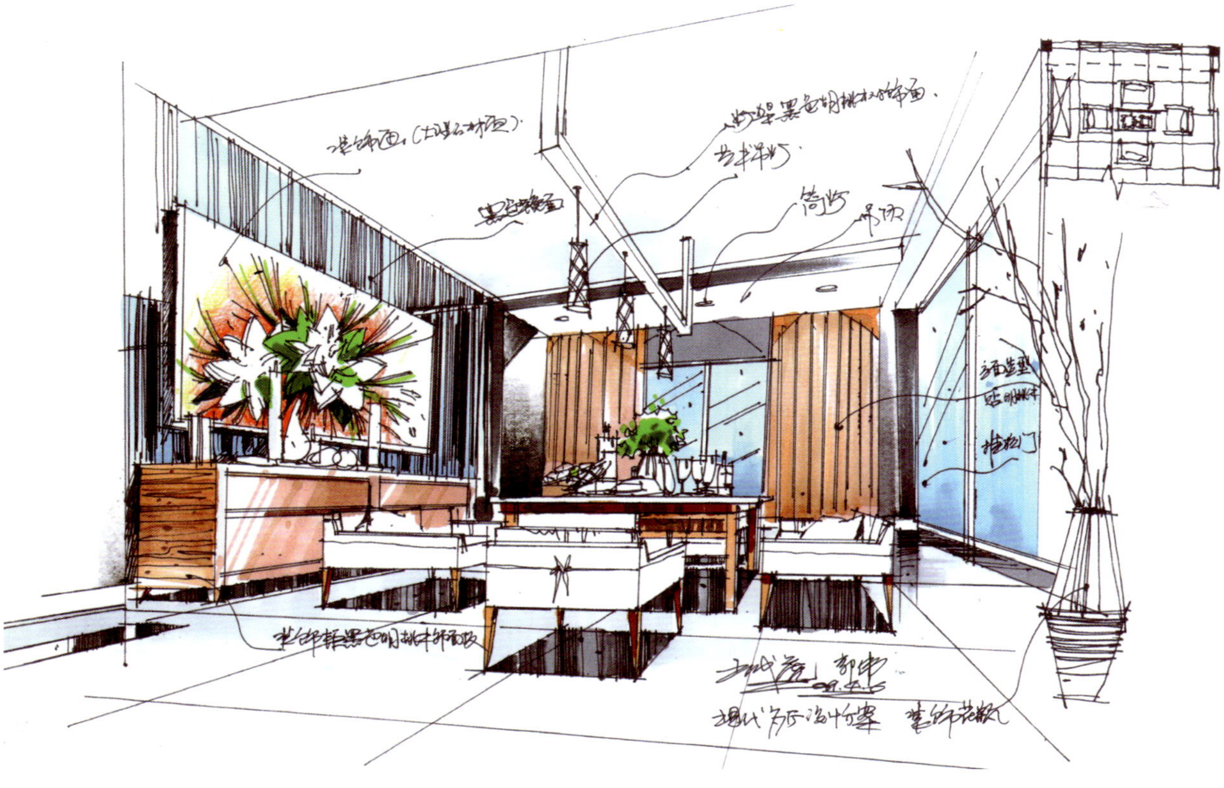

案例步骤四：

细致刻画家具和地面不同材质的效果。

|案例步骤五：

加强对比，细节部分可以用彩铅结合马克笔过渡，使其层次丰富。

在餐厅内配一幅油画，能够带来愉悦的进餐心情。无论是与质感硬朗的实木餐桌还是现代风格的通透玻璃搭配，都能营造出清新怡人的进餐氛围。

第五章

作品欣赏

服装店效果图

本方案为某洋装店方案，入口接待处，要求看到公司形象墙和一台古董缝纫机，用这些来装点整个店面。

某茶馆效果（一）

茶馆是爱茶者的乐园，也是人们休息、消遣和交际的场所。中国的茶馆由来已久。

某茶馆效果（一）

本方案表现茶馆的一角，注重虚实对比，突出中心。

某茶馆效果（二）

“座畔花香留客饮，壶中茶浪拟松涛”。中国的茶文化的内涵，其实就是中国文化的内涵一种具体表现。

某茶馆效果（二）

本方案注重表现古色古香的茶文化。在一棵大树下休闲、品茶是一大惬意之事。

服装店效果（一）

本方案采用鸟瞰表现方法，能更好表达全景的真实感。

本服装店以暖色调为主，细节丰富，摆放的家具和饰品营造良好的店面氛围 。

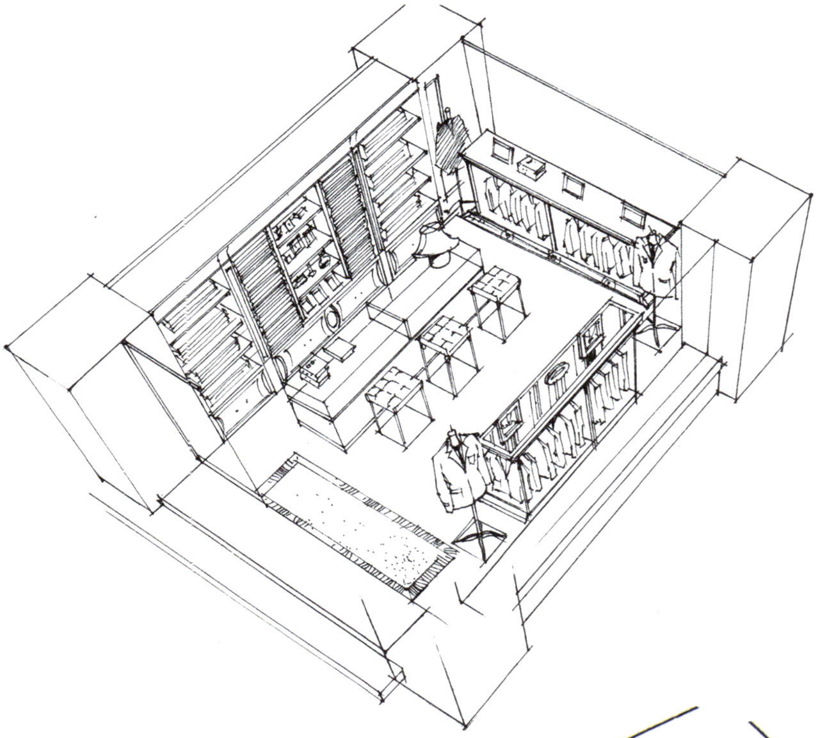

服装店效果（二）

本方案里模特和衣服比较多，难点在它们是俯视的，并且朝不同方向摆放。

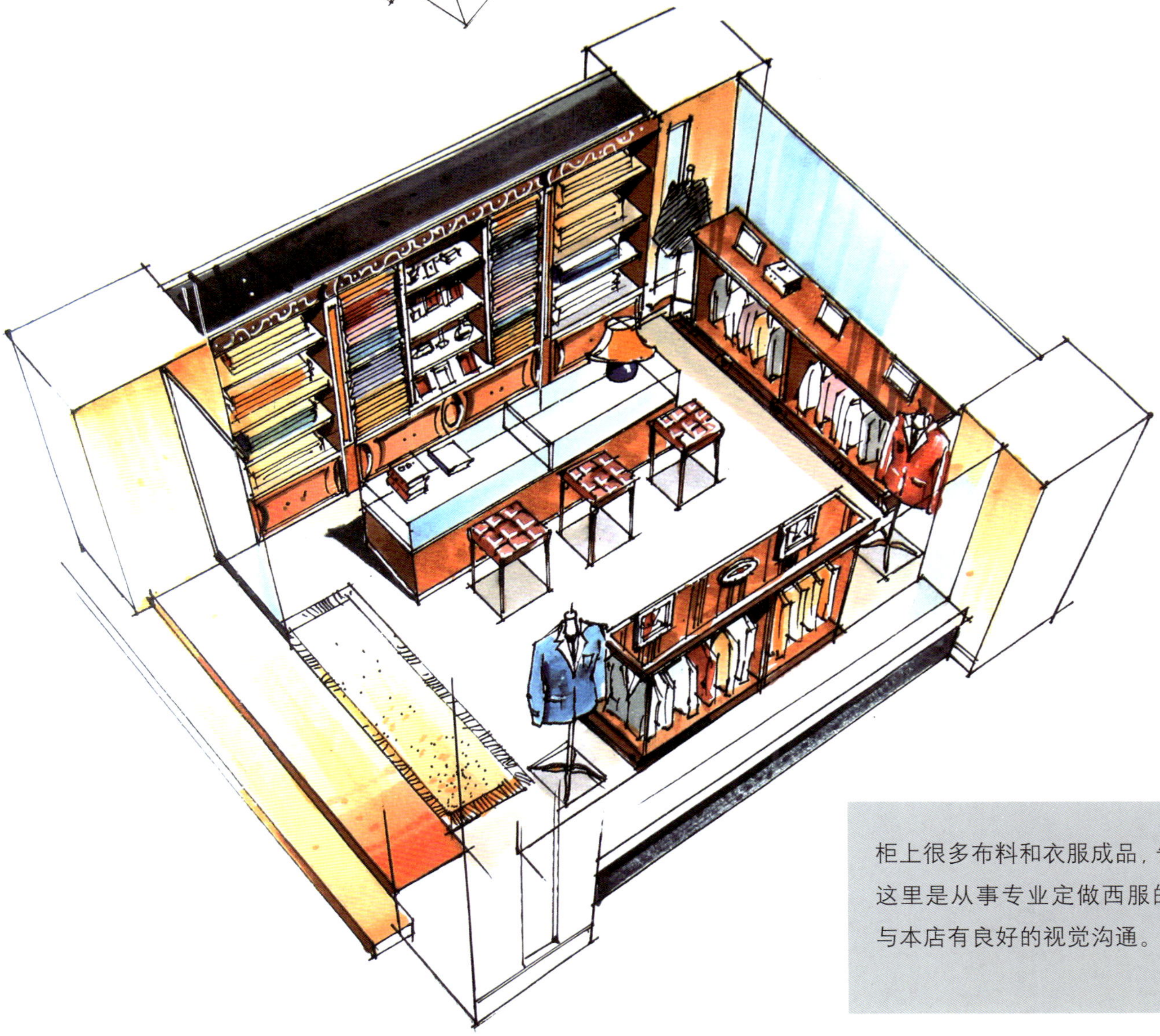

柜上很多布料和衣服成品，告诉客人，这里是从事专业定做西服的，让客人与本店有良好的视觉沟通。

客厅效果图

大型别墅样板空间的手绘表现，更重要虚实变化，不要让过多元素干扰。

大空间场景，色彩表现采用大块面上色，除了局部使用固有色外，大面积灰色调将空间统一起来，加上大量留白，让图面更纯粹，更干净。

特色餐厅效果图

手绘的重要性越来越得到大家的认可，因为手绘是设计师表达情感，设计理念以及表述方案最直接的“视觉语言”。

某俱乐部一层平面

某俱乐部二层平面

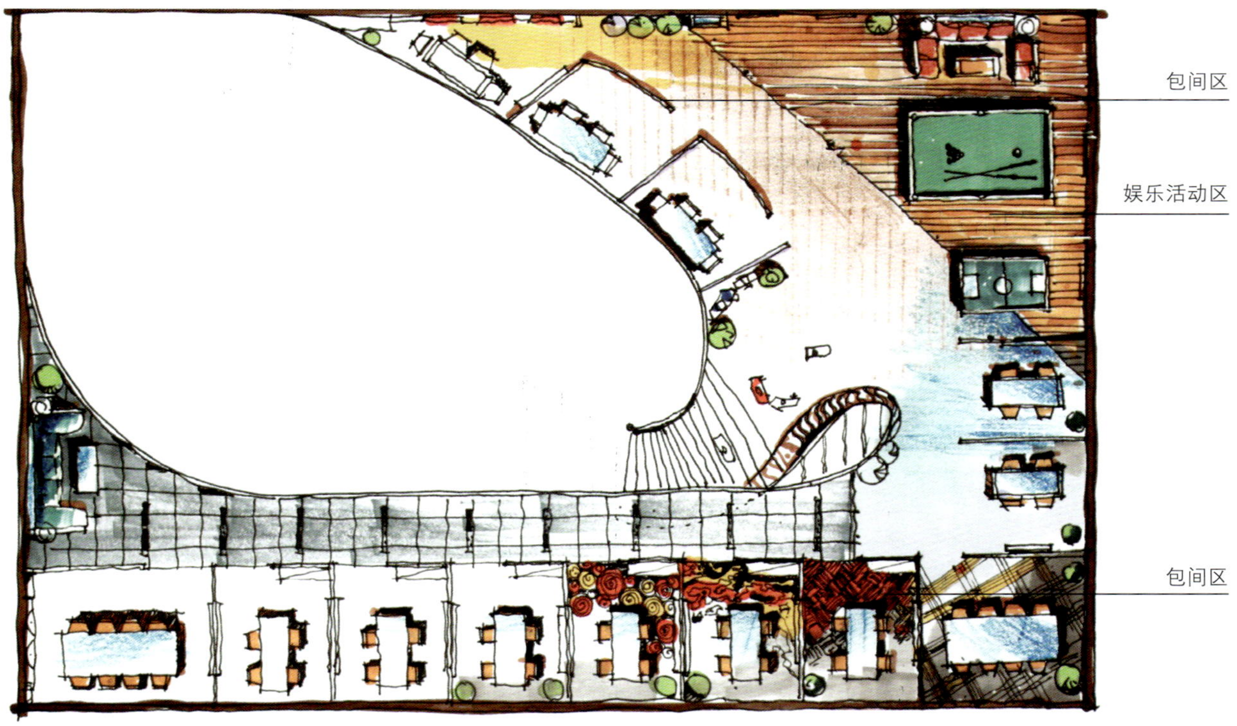

本方案为重庆大型摩托俱乐部，平面图草图方案。

某俱乐部鸟瞰图

本方案主要表现是一层鸟瞰效果，固第二层省略部分，这样能全景表现整个构想。

卧室效果图

本图简单的色彩搭配，创造了一个温和，舒心的卧室。

卫生间效果图

本图一反常规，采用冷色调来表现卫生间，让整个空间更加洁净，玻璃和地砖等材料刻画细致 。

别墅客厅效果图

别墅客厅效果图

西餐厅效果图

中式客厅效果图

中式风格表达对清雅含蓄，端庄风华的东方是精神境界的追求。

KTV包厢效果图

KTV 包厢效果图很重要在于光源的营造，光源的照射能更好的表达包厢的氛围。

西餐厅效果图

该图是主题餐厅项目构思表现，色彩搭配和谐，大的水晶吊顶灯突出整个空间氛围的主体，并能统一画面。

厨房和餐厅效果图

本方案在色彩搭配上很大胆，并很好的统一整个画面，材料刻画非常细致。

KTV包厢效果图

KTV的墙面设计元素丰富，在表现时抓住主要的，其他的简单概括。

客厅效果图

该图重点，笔墨集中在沙发的布艺上，在写实刻画时有取舍，让图面层次丰富。作者：万攀

厨房效果图

厨房上色以冷色为主，整幅图中，均是冷色瓷砖时可以通过暖色光源加强对比，使画面更富有张力。

KTV等候区效果图

该图是具有浓郁设计氛围的 ，KTV 等候区，功能区域划分后，设计理念多样化，挑高的等候区，安置现代桌椅，设计时，从人的心里出发。

茶叶专营店效果图

该方案为一点透视，茶叶销售空间，大部分材质为木材质，因此，在刻画时，分清主次，着重刻画一部分。

酒店会所效果图

别墅楼梯间效果图

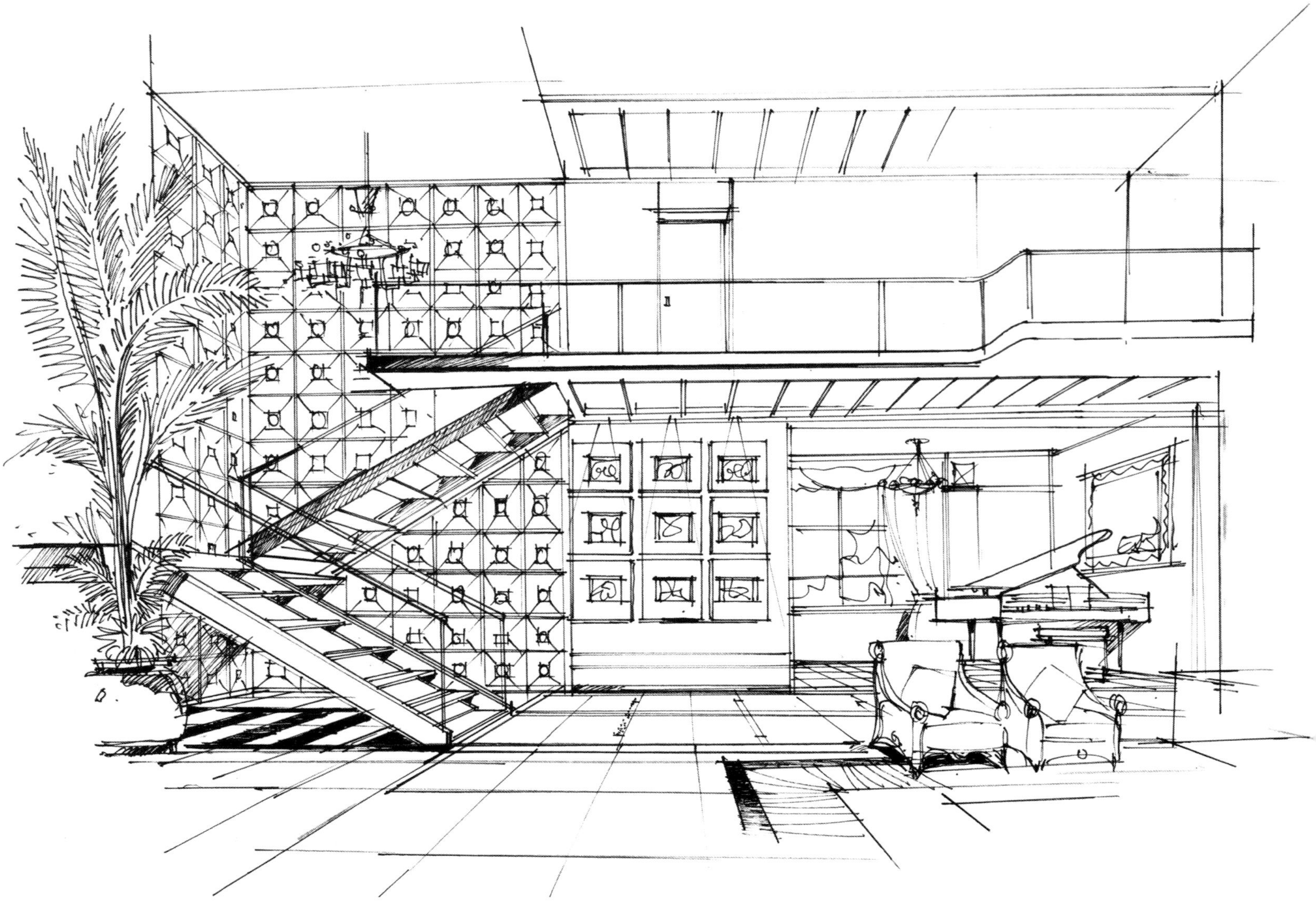

该方案为复式空间，画此类效果图时，以一层为刻画重点，二层空间把结构画清即可。

展示效果图

展示空间主要把结构与造型，交代清楚，立面处理得当，材质交代清晰即可。

欧式风格客厅效果图

该效果图为半弧形欧式客厅，颜色搭配协调，统一，大气。

服装设计公司效果图

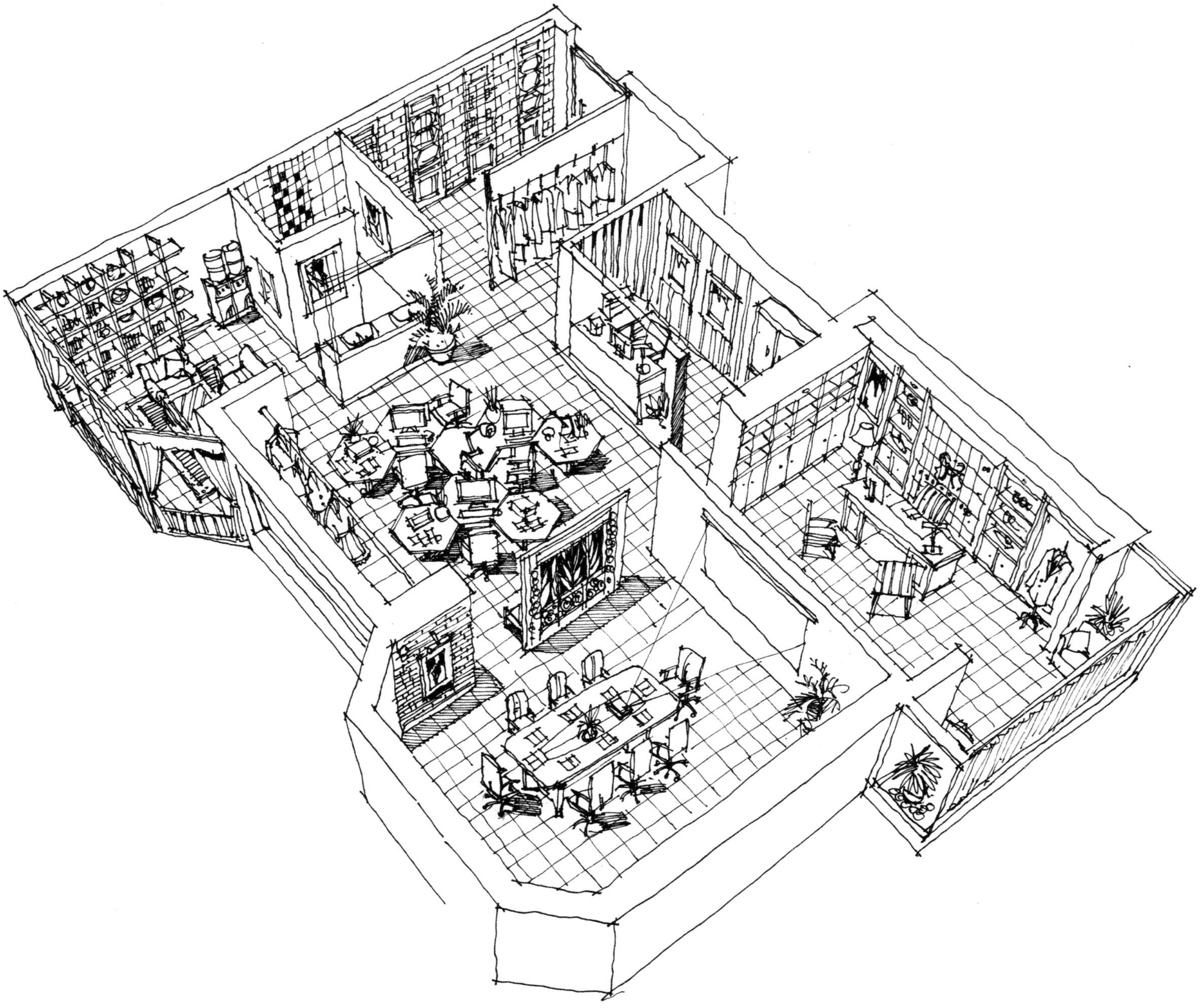

本方案采用三点透视加鸟瞰的形式刻画，清晰的表达了各个功能分区。

服装设计公司效果图

鸟瞰图上色时，要整体刻画，注意大的关系，切勿为了一些细节局部而使整个画面凌乱。

起居室效果图

该图为别墅起居室，电视背景墙的材质，表现，以及大理石柱子，细腻刻画是该图的亮点，其地板光感表现清晰，设计意图与空间明显的表现出来。

客厅效果图

该图在用色，整体控制在冷色调中，目的是对客厅氛围的营造打下基础，成角透视有很强的观赏性。

餐厅和厨房效果图

在画多个空间时应考虑好主次关系，该图即为餐厅主要表现地方，整体色调明快富有现代气息。

客厅效果图

手绘效果图中的表现方式多种多样，为了更加完美的效果，我们可以采取其他措施，如该图的立面造型则是借助电脑完成，使本张效果图更清晰。

客厅效果图

该图为欧式空间草图，简单几笔表现出空间的色调及整体氛围。

书法效果图

中式书房中，以本质为主要材料，但是在上色时，很难区分空间与空间的距离，因此，我们可以借助自然光线，拉开空间，即明快又能使空间效果更加强烈。

别墅庭院效果图

该图在处理视觉中心时用笔非常的巧妙，上色时，主体物刻画细致，丰富。边缘地方以及远景建筑进行了大胆的留白，使主次对比强烈。

酒店大堂效果图

该方案为酒店大堂空间效果，材质刻画丰富细腻，地面竖向用笔简单通透，整张图效果协调统一。

咖啡馆设计效果图

该套方案为长沙咖啡馆设计，整体颜色稳重，大气，吊顶采用黑色为主调，使里面造型及灯光更为突出。作者：常浩

楼顶花园餐饮空间

该效果线稿，表现清晰严谨，是一副难得的手绘效果图方案。

本方案为楼顶花园，在其内设置了餐饮区域，使空间得到充实利用，顶面采用菱形玻璃框架，更有利于采光跟观赏。

起居室效果图

本方案采用一点斜透视，使空间在表现阶段显得更为灵活，整体色调采用暖灰色调，空间沉稳而典雅。